21 世纪高职高专规划教材（机械类）

# 数控机床及其使用维修

## 第 2 版

主　编　武汉船舶职业技术学院　卢　斌

副主编　武汉船舶职业技术学院　陈少艾

　　　　武汉铁路职业技术学院　邱文萍

参　编　武汉船舶职业技术学院　姚　新

　　　　河北工业大学　　　　　曲云霞

　　　　重庆电子工程职业学院　岳秋琴

主　审　武汉船舶职业技术学院　周　兰

机械工业出版社

本书根据高等职业技术教学要求编写的。全书共 10 章，以使用较为广泛的数控车床、数控铣床、加工中心为主线，介绍数控机床工作原理、传动机构及调整使用、数控装置硬件及软件结构、数控机床可编程序控制器、伺服驱动装置与接口技术、数控机床典型机构，以及数控机床的选用、维修、安装、调试与验收。

本书可作为高等职业技术院校、高等专科学校、职工大学、业余大学、函授大学、电视大学和成人教育学院等机械制造专业、数控机床加工专业、机电一体化专业、数控技术应用专业的教材，也可作为从事数控机床使用与维修等工作的技术人员、高级技师的参考书。

为方便教学，本书配备电子课件等教学资源。凡选用本书作为教材的教师均可登录机械工业出版社教材服务网 www.cmpedu.com 注册后免费下载。如有问题请致信 cmpgaozhi@sina.com，或致电 010-88379375 联系营销人员。

## 图书在版编目（CIP）数据

数控机床及其使用维修/卢斌主编. —2 版. —北京：机械工业出版社，2010.2（2013.1 重印）
21 世纪高职高专规划教材. 机械类
ISBN 978 - 7 - 111 - 29731 - 4

Ⅰ. ①数… Ⅱ. ①卢… Ⅲ. ①数控机床 - 使用②数控机床 - 维修 Ⅳ. ①TG659

中国版本图书馆 CIP 数据核字（2010）第 022929 号

机械工业出版社（北京市百万庄大街22 号 邮政编码100037）
策划编辑：余茂祚 责任编辑：余茂祚 版式设计：霍永明
责任校对：程俊巧 责任印制：张 楠
北京京丰印刷厂印刷
2013 年 1 月第 2 版·第 2 次印刷
184mm×260mm·12.5 印张·304 千字
4 001—6 000 册
标准书号：ISBN 978 - 7 - 111 - 29731 - 4
定价：25.00 元

# 21世纪高职高专规划教材
# 编委会名单

**编委会主任**　王文斌

**编委会副主任**（按姓氏笔画为序）

| | | | | |
|---|---|---|---|---|
| 王建明 | 王明耀 | 王胜利 | 王寅仓 | 王锡铭 |
| 刘　义 | 刘晶磷 | 刘锡奇 | 杜建根 | 李向东 |
| 李兴旺 | 李居参 | 李麟书 | 杨国祥 | 余党军 |
| 张建华 | 茆有柏 | 秦建华 | 唐汝元 | 谈向群 |
| 符宁平 | 蒋国良 | 薛世山 | 储克森 | |

**编委会委员**（按姓氏笔画为序，黑体字为常务编委）

| | | | | |
|---|---|---|---|---|
| 王若明 | **田建敏** | 成运花 | 曲昭仲 | 朱　强 |
| **刘　莹** | 刘学应 | 许　展 | **严安云** | 李连邺 |
| 李学锋 | 李选芒 | **李超群** | **杨　飒** | **杨群祥** |
| 杨翠明 | 吴　锐 | 何志祥 | 何宝文 | 佘元冠 |
| **沈国良** | 张　波 | **张　锋** | 张福臣 | 陈月波 |
| **陈向平** | 陈江伟 | 武友德 | 林　钢 | 周国良 |
| **宗序炎** | 赵建武 | 恽达明 | **俞庆生** | 晏初宏 |
| 倪依纯 | 徐炳亭 | **徐铮颖** | 韩学军 | 崔　平 |
| 崔景茂 | **焦　斌** | | | |

**总　策　划**　余茂祚

# 第2版前言

本书从高等职业教育实际需要出发，根据高等职业技术教学要求，确定编写指导思想和教材特色，以工程实践需要为目的，加强了针对性和实用性，重视教学内容的应用性。本书以广泛使用的数控车床、数控铣床、加工中心为主线，介绍数控机床工作原理，传动机构及调整使用，数控系统硬件及软件结构，数控机床可编程控制器，伺服驱动装置与接口技术、数控机床典型机构、数控机床的选用与维修及安装、调试与验收。

本书可作为高等职业院校、高等专科学校、职工大学、业余大学、函授大学、电视大学和成人教育学院等机械制造专业、数控机床加工专业、机电一体化专业、数控技术应用专业的教材，也可作为从事数控机床使用与维修等工作的技术人员、高级技师的参考书。

全书共10章，总课时为40~60学时，各院校可根据实际情况决定内容的取舍。

本书在2001年5月第1版基础上，结合数控机床应用发展和教学实际需要，对第2、3、4、6、8章进行了全面修订，对第5、7章进行了重新改写。由卢斌任主编，陈少艾、邱文萍任副主编，周兰任主审。第1、2章由姚新编写，第3、4、9章由卢斌编写，第5章由岳秋琴编写，第6章由曲云霞编写，第7、8章由陈少艾编写，第10章由邱文萍编写。全书由陈少艾负责组稿，由卢斌负责统稿和定稿。

本书编写时参阅了有关院校的教材，以及科研单位、企业公司的资料和文献，得到了许多同行专家的支持和帮助，在此谨致谢意。

限于编者的水平和经验，书中难免有不少缺点或错误之处，恳请读者批评指正。

编　者

# 第1版前言

本书是从高职教育的实际出发，根据高等职业技术教学要求，确定了编写的指导思想和教材特色，以工程应用为目的，加强了针对性和实用性，强化了实践教学。本书以企业中使用较广泛、具有先进性的数控机床为主线，介绍数控机床工作原理，传动结构及调整，数控机床的操作，计算机数控装置的硬件及软件，伺服驱动与检测，数控机床典型结构及常见故障分析排除、数控设备安装、调试。

本书可作为高等职业技术院校，高等学校专科、职工大学、业余大学、夜大学、函授大学、成人教育学院等数控技术应用专业、数控机床加工专业、机械制造专业、机电一体化专业的教材，也可作为从事数控机床使用、维修等工作的技术人员的参考书。

全书共10章，总课时为60~80学时，各院校可根据实际情况决定内容的取舍。

本书由卢斌任主编，李世杰、陈少艾任副主编，胡黄卿任主审。第1、2、4章由姚新编写，第3、7章由曲云霞编写，第5章由余华编写，第6章由李世杰编写，第8章由岳秋琴编写，第9章由卢斌编写，第10章由陈少艾编写。全书由卢斌提出总体构思及编写思想，由陈少艾负责统稿和定稿。

本书编写时参阅了有关院校、工厂、科研单位的教材、资料和文献，并得到许多同行专家、教授的支持和帮助，在此谨致谢意。

限于编者的水平和经验，书中难免有不少缺点或错误之处，恳请读者批评指正。

编　者

# 目　录

# 第1章 数控机床概述

## 1.1 数控机床的分类

### 1.1.1 数控机床的产生

采用数字控制（NC，Numerical Control）技术进行机械加工的构思，最早是于 20 世纪 40 年代初提出来的。

1952 年，美国麻省理工学院成功地研制出一台数控铣床，这是公认的世界上第一台数控机床，当时使用的是电子管元器件。

1958 年，开始采用晶体管元件和印刷线路板。美国出现带自动换刀装置的数控机床，称为加工中心（MC，Machining Center）。从 1960 年开始，其它一些工业国家，如日本、原联邦德国也陆续开发生产出了数控机床。

1965 年，数字控制开始采用小规模集成电路，使机床数控装置体积减小，功耗降低及可靠性提高。在这个阶段采用的是硬件逻辑数控系统。

1967 年，英国莫林斯公司首次联接六台模块化结构的多工序数控机床，这就是最初的柔性制造系统（FMS，Flexible Manufacturing System）。

1970 年，美国芝加哥国际机床展览会首次展出用小型计算机控制的数控机床，这是世界上第一台计算机数字控制（CNC，Computer Numerical Control）的数控机床。

1971 年，美国英特尔公司推出世界上第一款微处理器（Microprocessor），伴随着微处理器广泛运用于数控装置进程，促进了数控技术快速发展及数控机床的普及应用。

1976 年，日本法拉科公司展出由加工中心和工业机器人组成的柔性制造单元（FMC，Flexible Manufacturing Cell），能够在数控机床上自动检测和装卸工件。

通常柔性制造系统 FMS 由柔性制造单元 FMC 组成，FMS 及 FMC 是组成计算机集成制造系统（CIMS，Computer Integrated Manufacturing System）的基础。

### 1.1.2 数控机床的特点

1. 数控机床与普通机床的区别

（1）加工操作：数控机床具有手动加工、机动加工、自动加工功能，加工过程不需要人工操作。而普通机床只具有手动加工、机动加工功能，加工过程由人工进行操作。

（2）显示功能：数控机床具有显示器（CRT 或 LCD）功能，可以显示加工程序、工艺参数、加工时间、刀具运动轨迹及工件图形等。数控机床还具有自动报警功能，根据报警信号或报警提示，可以迅速查找到机床故障。而普通机床则不具备上述功能。

（3）传动系统：数控机床的主传动和进给传动，采用直流或交流无级变速伺服电动机，不需要主轴变速箱和进给变速箱，因此传动链短。而普通机床主传动和进给传动，一般采用三相交流异步电动机，由变速箱实现多级变速以满足加工要求，机床传动链长。

（4）测量方式：数控机床具有位移测量显示系统，能在加工过程中对工件尺寸进行自动测量。而普通机床在加工过程中，必须由人工对工件尺寸进行测量。

数控机床与普通机床比较的显著特点，就是在加工对象（工件）发生改变时，数控机床通常只需要更改加工程序（软件），即能够满足不同零件的加工要求。

2. 数控机床的加工特点及适用范围

（1）能加工复杂型面：由于数控机床能够实现多轴联动，可加工出普通机床无法完成的空间曲线和曲面。因此在航空、航天领域和对复杂型面的模具加工中得到广泛应用。

（2）具有较高的柔性：所谓柔性即灵活与可变性，是相对于不可变的刚性而言。采用组合机床或专用机床，大批量加工单品种零件，可以提高生产率，保证加工质量，降低生产成本，但这类刚性设备无法适应多品种和小批量生产。仿形机床能够加工较复杂零件，但更换产品必须重新设计和制造靠模，生产准备周期长。而数控机床只需要更改加工程序和重新调整刀具，就能够满足多品种、中小批量、复杂型面零件的加工要求，生产准备周期短。

（3）加工精度高、质量稳定：数控机床的运动分辨率远高于普通机床，前者多数具有位置检测功能，可以将机床移动部件位移量，丝杠或伺服电动机转角，通过数控系统进行反馈补偿，获得比机床本身精度还要高的加工精度。数控机床的加工质量完全由机床保证，不存在人工操作误差，相同零件尺寸的一致性好，加工精度高、质量稳定。

（4）生产效率高：数控机床的功率大、刚性好，主轴转速高及进给速度范围大，而且是无级变速，能够选择较大且合理的切削用量，以减少加工的切削时间。数控机床的空行程速度远高于普通机床，能够节省大量的辅助时间。此外，数控机床加工可免去划线工序，省去了加工过程中的检验环节。

（5）数字化管理：数控机床能准确计算并自动记录加工过程，对生产过程中的半成品、成品进行资料统计分析，可以实现计算机集成化控制与数字化管理。

数控机床的综合性能远远高于普通机床（见表1-1）。

表1-1　数控机床与普通机床性能比较

| 序　号 | 主要性能 | 数控机床 | 普通机床 |
|---|---|---|---|
| 1 | 加工复杂零件和型面的能力 | 高 | 低 |
| 2 | 加工对象发生改变时的柔性程度 | 高 | 低 |
| 3 | 零件的加工质量和加工精度 | 高 | 低 |
| 4 | 加工效率 | 高 | 低 |
| 5 | 设备的利用率 | 高 | 低 |
| 6 | 进行产品优化和实现 CAD 的功能 | 高 | 低 |
| 7 | 设备的初期投入 | 高 | 低 |
| 8 | 对操作人员的技术要求 | 高 | 低 |
| 9 | 对生产计划和准备的要求 | 高 | 低 |
| 10 | 设备的使用费用（人力、原材料等） | 低 | 高 |
| 11 | 维护和维修费用 | 高 | 低 |
| 12 | 对不合格产品进行再加工的费用 | 低 | 高 |

并不是所有的加工零件都适用于数控机床，图1-1列举了各类机床的使用范围。数控机床、专用机床和普通机床各自的使用范围是不相同的，而且各种机床的加工批量与成本的关系也不一样（见图1-2）。

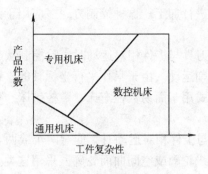

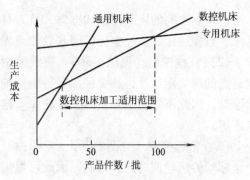

图1-1　机床使用范围　　　　　图1-2　机床加工批量与成本关系

从图1-2可以看出，数控机床适用于加工比较复杂而且生产批量不大的零件。当零件复杂程度相当，生产批量很大时应采用专用机床。

适用于数控机床加工的零件包括：

1）形状复杂且加工精度高，普通机床无法加工或很难保证质量的零件。

2）有复杂曲线或曲面轮廓的零件。

3）批量小而又多次重复生产的零件。

4）难以测量和难以控制尺寸，内腔不开敞的壳体或盒型零件。

5）要在一次性装夹中完成铣、镗、铰或攻螺纹等多工序零件。

6）尺寸位置精度高及用料贵重的零件。

7）需要多次更改设计后才能定型的零件。

8）通用机床加工的生产率低或体力劳动强度大的零件。

对于生产批量大的简单零件，或加工余量不稳定、装夹困难的零件等，一般都不太适合于用数控机床进行加工。

### 1.1.3　数控机床的分类

1. 按加工方式和工艺用途分类　这种分类方法与普通机床的分类方法相似，按切削方式不同，可分为数控车床、数控铣床、数控钻床、数控镗床、数控磨床等。

有些数控机床具有两种以上切削功能，例如以车削为主兼顾铣、钻削的车削中心；具有铣、镗、钻削功能，带刀库和自动换刀装置的镗铣加工中心（简称加工中心）。

另外，还有数控线切割、数控电火花、数控激光加工、等离子弧切割、火焰切割、数控板材成形、数控冲压、数控剪切、数控液压等各种功能和不同种类的数控加工机床。

本书着重介绍数控车床、数控铣床和加工中心等各种类型的数控机床。

2. 按加工路线分类　数控机床按其刀具与工件相对运动的方式，可以分为点位控制、直线控制和轮廓控制，如图1-3所示。

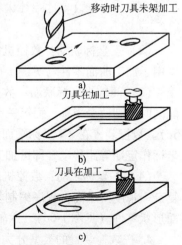

图1-3　数控机床分类

a）点位控制　b）直线控制
c）轮廓控制

（1）点位控制（见图1-3a）：点位控制方式就是刀具与工件相对运动时，只控制从一点运动到另一点的准确性，而不考虑两点之间的运动路径和方向，且刀具移动时不进行加工。这种控制方式多应用于数控钻床、数控冲床、数控坐标镗床和数控点焊机等。

（2）直线控制（见图1-3b）：直线控制方式就是刀具与工件相对运动时，除控制从起点到终点的准确定位外，还要保证平行坐标轴的直线切削运动。由于只作平行坐标轴的直线进给运动，因此不能加工复杂的工件轮廓。这种控制方式用于简易数控车床、数控铣床、数控磨床等。

（3）轮廓控制（见图1-3c）：轮廓控制就是刀具与工件相对运动时，能对两个或两个以上坐标轴的运动同时进行控制。因此可以加工平面曲线轮廓或空间曲面轮廓。采用这类控制方式的数控机床有数控车床、数控铣床、数控磨床、加工中心等。

3. 按可控制联动的坐标轴分类 所谓数控机床可控制联动的坐标轴，是指数控装置控制几个伺服电动机，同时驱动机床移动部件运动的坐标轴数目。

（1）两坐标联动：数控机床能同时控制两个坐标轴联动（见图1-4），即数控装置同时控制 X 和 Z 方向运动，可用于加工各种曲线轮廓的回转体类零件。或机床本身有 X、Y、Z 三个方向的运动，数控装置只能同时控制两个坐标（见图1-5），实现两个坐标轴联动，但在加工中能实现坐标平面的变换，用于加工沟槽零件（见图1-6a）。

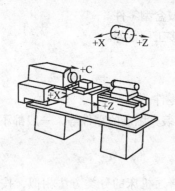

图1-4 卧式车床

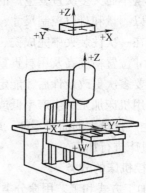

图1-5 立式升降台铣床

（2）三坐标联动：数控机床能同时控制三个坐标轴联动（见图1-5）。三坐标数控铣床可用于加工曲面零件（见图1-6b）。

（3）两轴半坐标联动：数控机床本身有三个坐标能作三个方向的运动，但数控装置只能同时控制两个坐标，而第三个坐标只能作等距周期移动，可加工空间曲面零件（见图1-6c）。数控装置在 ZX 坐标平面内控制 X、Z 两坐标联动，加工垂直面内的轮廓表面，控制 Y 坐标作定期等距移动，即可加工出零件的空间曲面。

（4）多坐标联动：数控机床能同时控制四个以上坐标轴联动。多坐标数控机床的结构复杂、精度要求高、程序编制复杂，主要应用于加工形状复杂的零件。五轴联动铣床加工曲面形状零件（见图1-6d），六轴加工中心运动坐标系示意图如图1-7所示。

4. 按数控装置的类型分类

（1）硬件数控：早期的数控装置属于硬件数控（NC，Numerial Control）类型，主要由固化的数字逻辑电路处理数字信息，于20世纪60年代投入使用。由于其功能少、线路复杂和可靠性低的缺点已经淘汰，因而这种分类没有实际意义。

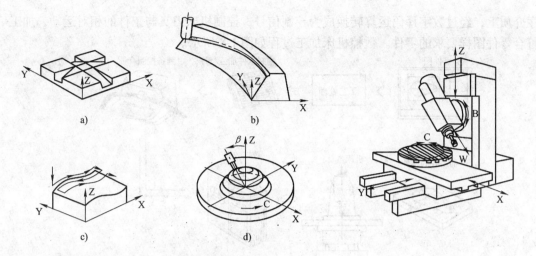

图 1-6　空间平面和曲面的数控加工　　　　　图 1-7　六轴加工中心坐标系

a）零件沟槽面加工　b）三坐标联动曲面加工　c）两坐标

联动加工曲面　d）五轴联动铣床加工曲面

（2）计算机数控：计算机数控（CNC，Computer Numerial Control）系统，于20世纪70年代初期投入使用。随着微电子技术发展，微处理器性能提高，以及价格越来越低，微机数控（MNC，Microcomputer Numberical Control）成为主流系统。可以根据数控系统微处理器（CPU）数量，分为单微处理器数控系统和多微处理器数控系统。

5. 按伺服系统有无检测装置分类　按伺服系统有无检测装置可分为开环控制和闭环控制数控机床。在闭环控制系统中，根据检测装置的位置不同又可分为闭环控制和半闭环控制两种。

6. 按数控系统的功能水平分类　数控系统一般分为高级型、普及型和经济型三个不同档次。数控系统没有十分确切的档次界限，其参考评价指标包括：CPU 性能、分辨率、进给速度、联动轴数、伺服水平、通信功能和人机对话界面等。

（1）高级型数控系统：中央处理单元（CPU Central Process Unit）32 位或更高性能，联动5 轴以上，分辨率小于 $0.1\mu m$，进给速度不低于 24m/min（分辨率为 $1\mu m$ 时）或不低于 10m/min（分辨率为 $0.1\mu m$ 时），采用数字交流伺服驱动，具有制造自动化协议（MAP，Manufacturing Automation Protocol）的高性能通信接口，具备联网功能，有三维动态图形显示。

（2）普及型数控系统：该档次的数控系统采用 16 位或更高性能的 CPU，联动轴数在 5 轴以下，分辨率在 $1\mu m$ 以内，进给速度不高于 24m/min，可采用交、直流伺服驱动，具有直接数字控制或分布数字控制（DNC，Direct Numerical Control 或 Distributed Numerical Control）通信接口，有 CRT 字符显示和平面线性图形显示。

（3）经济型数控系统：该档次的数控系统采用 8 位 CPU 或单片机控制，联动轴数在 3 轴以下，分辨率为 0.01mm，进给速度在 6~8m/min，采用步进电动机驱动，具有串行通讯标准的 RS232 通信接口，用数码管或简单的 CRT 字符显示。

## 1.2　数控机床工作原理及组成

### 1.2.1　数控机床工作原理

数控机床是用数字信息控制的机床，即通过代码化的数字信息，将刀具移动轨迹记录在程序介质上，经过数字译码运算转换成为控制信号，控制机床刀具与工件的相对运动，加工出符合零件图样要求的零件。数控机床加工过程如图1-8所示。

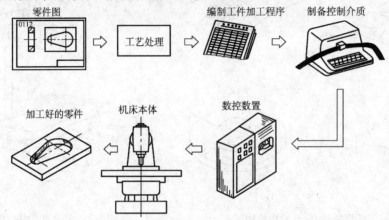

图1-8　数控机床加工过程

由图1-8可知，数控机床加工要根据图样，拟定零件加工工艺方案，确定加工工艺的各项参数，根据零件几何形状和尺寸要求，按照编程规则编制数控加工程序，将加工程序输入机床数控装置，先用空走刀运行数控加工程序，经检查无误后再进行零件加工，两坐标联动的数控加工过程与计算机绘图过程及为相似。

计算机数字控制（CNC）系统，通过改变软件（而非电路或机械机构）实现控制信息和控制过程的转换，具有良好的柔性功能。因此，使用方便、可靠性和精度高，广泛应用于机械的运动轨迹、位移检测、辅助运动控制等方面。运动轨迹的精确度及可靠性，是数控机床和工业机器人的主要技术性能要求。

### 1.2.2　数控机床的组成

数控机床主要由机床本体和计算机数控系统两大部分组成（见图1-9）。

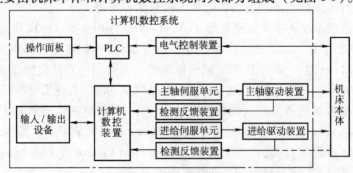

图1-9　CNC系统组成

1. 机床本体　数控机床本体由基础件（床身、底座）和运动件（工作台、床鞍、主轴箱等）组成，用于实现由数控装置控制的各种运动，并承载包括切削力在内的各种机械力。数控机床本体强度高、刚性好、热变形及摩擦阻力小，能够保证加工精度要求。

数控机床与普通机床的本体相比，具有以下特点：

1) 主轴部件及传动系统结构简单，变速运动传动链比较短。

2) 机床运动部件具有较高刚度、热变形小、耐磨性好。

3）采用了滚珠丝杠、静压导轨、滚动导轨等高效率传动部件。

2. 数控系统　数控系统是数控机床的核心技术，包括硬件装置和数控软件两大部分。硬件由输入/输出设备、数控装置、伺服单元、驱动装置（或执行机构）、可编程序控制器（PLC）及电气控制装置和检测反馈装置等组成。

（1）输入/输出设备：数控机床要对加工程序进行输入、编辑、修改和调试操作，要在执行程序指令过程中不断地显示切削方向、坐标值、提示、报警等各种信息，这些信息的交换均由输入/输出设备（交互设备）完成。人机交互通常是由键盘和显示器实现，键盘是手动数据输入最为常用的工具，较简单的显示器由若干个数码管组成，较高级的显示器能显示字符、加工轨迹和图形等各类不同信息。

（2）数控装置：数控装置主要包括微处理器、存储器、局部总线、外围逻辑电路和与其它部分联系的接口等。其作用是根据输入的数据段，插补运算出理想的运动轨迹，输出到执行部件（伺服单元、驱动装置等），加工出所需的零件。输入、轨迹插补、位置控制是数控装置的三项基本任务，由 CNC 的系统程序（也称控制程序）组织完成，以保证整个数控系统有条不紊地进行工作。

（3）伺服单元：伺服单元接收来自数控装置的进给指令，经变换和放大通过驱动装置转换成为机床工作台的位移运动；伺服单元是数控装置与机床本体的联系环节，它能将来自数控装置的微弱指令信号，放大为控制驱动装置的大功率信号。按不同接收指令形式伺服单元分脉冲式和模拟式，而按电源种类又可分为直流伺服单元和交流伺服单元。

（4）驱动装置：驱动装置的作用是将放大后的指令信号转换成机械运动，通过机械传动装置驱动工作台进行移动，使工作台实现严格的相对运动或精确定位，以保证所需要的刀具轨迹路径或相对位置，保证加工的零件符合图样技术要求。对应于伺服单元的驱动装置，有步进电动机、直流伺服电动机和交流伺服电动机等不同类型。

伺服单元和驱动装置合称为伺服驱动系统，数控装置的指令信号主要靠伺服驱动系统付诸实施。因此，从某种意义上讲，数控机床功能的强弱主要取决于数控装置，而数控机床性能的好坏主要取决于伺服驱动系统。

（5）可编程序控制器（PLC，Programmable Logic Controller）：以微处理器为基础的通用型自动控制装置，专门用于解决工业设备逻辑关系与开关量控制。当 PLC 用于控制机床顺序动作时，称为可编程机床控制器（PMC，Programmable Machine Controller）。

数控机床的自动控制由 CNC 和 PLC 共同完成。CNC 负责数字运算及管理功能，如编辑加工程序、插补运算、译码、位置伺服控制等。PLC 负责与逻辑运算有关的各种动作，接受 CNC 控制代码 S（主轴转速）、M（辅助功能）、T（选刀、换刀）等顺序信息，译码后形成相应的动作控制信号，驱动辅助装置完成一系列开关操作，如变换转速、装夹工件、更换刀具和开关切削液等。PLC 还接受来自操作面板的指令，直接控制机床完成相应动作，并能将部分指令送往 CNC 用于加工过程控制。

应用于数控机床的 PLC 有两类，一类是 CNC 生产厂家为实现数控机床顺序控制，而将 CNC 和 PLC 综合设计的内装型（或集成型），这种 PLC 是 CNC 装置的一部分；另一类是专门生产厂家开发的 PLC 系列产品，即独立型（或外装型）的 PLC。

（6）检测反馈装置：该装置也称为反馈元件，安装在数控机床工作台或丝杠上，相当于普通机床的刻度盘。检测反馈装置将工作台位移量转换成电信号，并且反馈给数控装置进行比对，如果与指令值相比较有误差，则控制工作台向消除误差的方向移动。数控系统按有无检测装置可分为闭环、半闭环和开环系统。闭环系统精度取决于检测装置精度，开环系统精度取决于步进电动机和丝杠精度。检测装置是高性能数控机床的重要组成部分。

## 1.3　数控机床主要性能指标与功能

### 1.3.1　数控机床主要技术指标

（1）规格尺寸：数控车床主要有床身与刀架最大回转直径，最大车削长度，最大车削直径等；数控铣床主要有工作台尺寸，工作台 T 形槽规格，工作台行程等。

（2）主轴系统：数控机床主轴采用直流或交流电动机驱动，具有较宽调速范围和较高回转精度，主轴的刚度与抗振性比较好。数控机床主轴转速可达到 5000～10000r/min 甚至更高，由操作面板转速倍率开关调速，每挡间隔 5%，调节范围 50%～120%。在车削加工端面时主轴能够恒定切削速度（恒线速单位：m/min）。

（3）进给系统：该系统具有进给速度范围，快进（空行程）速度范围，运动分辨率（最小移动增量），定位精度和螺距范围等技术参数。

1）进给速度是影响加工质量、生产效率和刀具寿命的主要因素，直接受到数控装置运算速度、机床动特性和工艺系统刚度限制。数控机床进给速度可达到 10～30m/min，其中最大进给速度为加工的最大速度，最大快进速度为不加工时移动的最快速度。进给速度通过操作面板进给倍率开关调整，每挡间隔 10%，调整范围为 10%～200%。

2）脉冲当量（分辨率）是 CNC 重要的精度指标。一是坐标轴达到的控制精度（可以控制的最小位移量），即 CNC 每发出一个脉冲时坐标轴移动的距离，称为实际脉冲当量或外部脉冲当量；二是内部运算的最小单位，称之为内部脉冲当量；为了不造成运算过程的精度损失，通常把内部脉冲当量设置得比实际脉冲当量小。数控系统在输出位移量之前，自动将内部脉冲当量转换成外部脉冲当量。

实际脉冲当量决定于丝杠的螺距，电动机每转的脉冲数，机械传动链的传动比。其计算公式为

实际脉冲当量 = 传动比 × (丝杠螺距/电动机每转脉冲数)

数控机床加工精度和表面质量与脉冲当量大小密切相关。简易数控机床的脉冲当量一般为 0.01mm，普通数控机床的脉冲当量一般为 0.001mm，精密或超精密数控机床的脉冲当量一般为 0.0001mm，数控机床的脉冲当量越小，加工精度和表面质量越高。

3）定位精度和重复定位精度。定位精度是指数控机床工作台或其它运动部件，实际运动位置与指令位置的符合程度，其相差量即为定位误差。引起定位误差的原因包括：伺服系统、检测系统、进给系统误差，以及运动部件导轨的几何误差等。重复定位精度是指在相同的操作方法和条件下，在完成规定操作次数过程中得到结果的一致程度。重复定位精度一般是呈正态分布的偶然性误差，它会影响批量加工零件的一致性，是一项非常重要的性能指标。一般数控机床的定位精度为 ±0.01mm，重复定位精度为 ±0.005mm。

（4）刀具系统：包括刀架工位数、工具孔直径、刀杆尺寸、换刀时间、重复定位精度等各项内容。加工中心刀库容量与换刀时间直接影响生产率，通常中小型加工中心的刀库容量为 16～60 把，大型加工中心可达 100 把以上。换刀时间是指自动换刀系统，将主轴上的刀具与刀库中的刀具进行交换所用时间，换刀一般可在 5～20s 时间内完成。

（5）机床动力：包括主电动机、伺服电动机的规格、型号和功率等。

（6）冷却系统：包括冷却箱容量，冷却泵输出量等。

（7）外形尺寸：用长×宽×高表示。

（8）机床重量。

## 1.3.2 数控系统的主要功能

1. 控制轴数与联动轴数　控制轴数是数控系统最多可以控制的坐标轴，其中包括移动轴和回转轴。联动轴数是数控系统可以控制同时运动的坐标轴。如某数控机床有 X、Y、Z 轴三个运动方向，而数控系统只能控制两个坐标（XY、YZ、XZ）方向的同时运动，则该机床的控制轴数为 3 轴，而联动轴数为 2 轴。X、Y、Z 轴是基本坐标轴，当多于 3 轴时，通常是 X、Y、Z 轴的平行辅助轴或回转轴。

2. 插补功能　数控机床能够实现的线型功能，如直线、弧线、螺旋线、抛物线、正弦曲线等。数控机床插补功能越强，能够加工的轮廓种类越多。

3. 进给功能　包括快速进给（空行程），切削进给；手动连续进给，点动进给；进给率修调（倍率开关）；自动加减速功能等。

4. 主轴功能　可以实现恒定转速，恒定线速，定向停止，转速修调（倍率开关）。通过主轴自动变速实现恒定线速，使刀具对工件切削点的线速度保持不变。主轴旋转定向（周向准确定位）停止，以方便自动换刀或精镗孔后的避让退刀。

5. 刀具功能　指自动选择刀具和自动更换刀具。

6. 刀具补偿　包括刀具位置补偿、半径补偿和长度补偿等。如车刀的刀尖半径、铣刀半径的半径补偿，以及数控铣床、加工中心沿深度方向对刀具长度变化的长度补偿。

7. 机械误差补偿　指数控系统可以自动补偿由机械传动间隙所产生的误差。

8. 操作功能　数控机床通常有单程序段的执行和跳段执行、试运行、图形模拟、机械锁定、暂停和急停等功能，有的还有软键盘（Soft Keyboard）操作功能。

9. 程序管理功能　指对加工程序的检索、编制、修改、插入、删除、更名、锁住、在线编辑即后台编辑（在执行自动加工的同时进行编辑），以及程序的存储通信等。

10. 图形显示功能　利用显示器（CRT）进行二维或三维、单色或彩色、图形缩放、坐标可旋转的刀具轨迹动态显示。

11. 辅助编程功能　如固定循环、镜像、图形缩放、子程序、宏程序、坐标旋转、极坐标等，可减少手工编程的工作量和难度，尤其适合三维复杂零件和加工工作量大的零件。

12. 自诊断报警功能　指数控系统对其软、硬件故障的自我诊断能力，该功能用于监视整个加工过程是否正常，并及时进行报警。

13. 通信与通信协议　数控系统都配有 RS232C 或 DNC 接口，为进行高速传输设有缓冲区。高档数控系统还可与 MAP 相连，能够适应 FMS、CIMS 的要求。

根据使用要求的不同，对性能指标和功能的考虑也会多种多样，因此选择数控系统时应根据实际需要决策，将各种功能进行有机的组合，以满足不同用户的要求。

## 1.3.3 数控机床的发展趋势

具有精密、柔性和高效功能的数控机床，随着社会需求的多样化和计算机等相关技术日新月异的不断突破，将会向更广泛的领域和更深的层次发展。

1. 高速度、高精度和高效率　速度、精度和效率是机械制造技术的关键性能指标。采用精简指令集计算机（RISC，reduced instruction set computer）芯片，使用高速和多个 CPU 的控制系统，以及高分辨率绝对式检测元件交流数字伺服系统，同时采取改善机床动态特性和静态特性的有效措施，数控机床高速度、高精度和高效率功能会不断地提高。

2. 控制人工智能化　实时系统与人工智能相结合，沿着前馈控制、自适应、模糊、神经网络、学习和专家系统方向发展。如智能化数字伺服驱动装置，能通过识别负载自动调整参数，使驱动系统获得最佳运行状态。又如将加工的一般规律、特殊规律和加工经验存入智能化系统，以工艺参数组成的数据库为支撑，建立具有人工智能的专家系统。现在已经开发出模糊逻辑控制，有自学习功能的人工神经网络电火花加工数控系统。

3. 柔性化和自动化　在数控单机柔性化程度不断提高的同时，单元柔性化和系统柔性化已经成为重要的发展趋势。数控加工编程、检测、监控和管理的自动化控制水平，以空前的速度迅速发展，同时其标准化、通用化和"进线"适应能力得到有效增强，"无人化"管理生产模式已经开始趋于完善。

4. 复合化和多轴化　可以有效地减少多道工序和辅助时间的复合加工，朝着多轴、多系列控制功能的方向发展。数控技术的进步提供了多轴和多轴控制，如法拉科 15 系统可控轴数和联动轴数为 2~15 轴，西门子 880 系统控制轴数可达 24 轴。

5. 高度集成化　采用集成化 CPU、RISC 芯片，以及大规模集成 FPGA、EPLD、CPLD 和专用集成 ASIC 芯片，可以使数控系统高度集成化。使用 FPD 平板技术超大显示图形，通过窗口和菜单操作，进行图形模拟仿真和动态跟踪，显示三维立体彩色图形，以及不同方向的视图和局部比例缩放，全面实现图样编程和快速编程。

6. 网络化发展方向　数控机床联网可以实现远程化和"无人化"控制，能够共享其中任何一台数控机床拥有的各种数据资源，并且能够对其它数控机床进行编程、设定、操作、运行等各种控制，各机床的显示图形和数据资源同时共享。

7. 开放式发展方向　基于 PC 可靠性、开放性和低成本，以及软硬件资源日益丰富的发展方向，机床数控技术开始由专用型、封闭式、开环控制模式，向通用型、开放式、实时动态、闭环控制模式方向发展。将 PC 友好的人机界面纳入新型的数控系统，普遍采用远程通信、远程诊断和远程维修势在必行。

# 复 习 思 考 题

1. 数控机床如何分类？由哪些部分组成？各部分起什么作用？

2. 数控机床主要有哪些功能指标？什么叫二轴半联动数控机床？

3. 可编程序控制器（PLC，Programmable Logic Controller）有何作用？

4. 制造自动化协议（MAP，Manufacturing Automation Protocol）有何作用？

5. 何为柔性制造系统（FMS，Flexible Manufacturing System）？

6. 何为计算机集成制造系统（CIMS，Computer Integrated Manufacturing System）？

7. 硬件数控（NC，Numerial Control）、计算机数控（CNC Computer Numerial Control）、微机数控（MNC，Microcomputer Numberical Control）三者之间有何区别？

8. 直接或分布数字控制（DNC，Direct Numerical Control 或 Distributed Numerical Control）通信接口有何作用？

9. 实际脉冲当量决定于丝杠的螺距，电动机每转的脉冲数，机械传动链的传动比。如何计算？

# 第2章 数控车床

## 2.1 概述

### 2.1.1 数控车床的用途

数控车床与普通车床的用途基本相同，主要应用于加工各种轴类、套类或盘类回转体零件，如圆柱、圆锥、圆弧、圆盘和各种螺纹等。数控车床尤其适合加工形状复杂及精度要求比较高的零件，是目前使用较为广泛的一种数控机床。

### 2.1.2 数控车床组成及布置

**1. 数控车床组成**

（1）机床主体：数控车床的主体由床身、主轴箱、进给装置、床鞍、刀架、尾座等机械部件组成。

（2）数控装置：作为数控车床的核心部件，数控装置主要由计算机（包括 CPU、存储器、CRT 等）组成。

（3）伺服系统：伺服系统将控制指令转换成为驱动电力，控制驱动装置（包括步进电动机、直流伺服电动机、交流伺服电动机等）完成主运动和进给运动。

（4）辅助装置：数控车床的一些配套辅助部件，包括液压、气动装置，润滑、冷却系统和自动排屑装置等。

数控车床主轴旋转运动，由脉冲编码器进行检测，并将检测信号传输给数控装置，控制主轴旋转与刀架进给同步运动。例如，在加工螺纹过程中，主轴每旋转一周，刀架移动一个导程。刀具纵向（Z 向）和横向（X 向）连续进给移动，由数控装置发出指令，通过伺服系统控制驱动装置，传动滚珠丝杠、溜板、刀架实现运动。

**2. 数控车床布置**

（1）床身导轨布置：数控车床床身导轨与水平面相对位置（见图 2-1），图 2-1a 为水平床身，图 2-1b 为倾斜床身，图 2-1c 为水平床身倾斜滑板，图 2-1d 为立式床身。

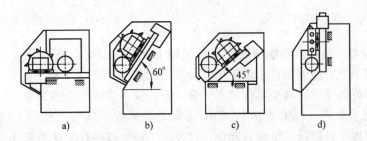

图 2-1　数控车床布置形式

1）水平床身导轨制造方便（见图 2-1a），刀架水平配置可以提高运动精度，适用于大型数控车床或小型精密型数控车床。由于水平床身下部空间小，因此排屑比较困难。刀架水平配置使得滑板横向尺寸较长，从而加大了机床宽度方向的结构尺寸。

2）倾斜床身导轨的倾斜角度有30°、45°、60°（见图2-1b）、75°和90°（为立式床身，见图2-1d）。倾斜角度小不便于排屑，倾斜角度大导轨的导向及受力差。综合考虑诸多因素，通常中小型数控车床床身倾斜角度取60°为宜。

3）水平床身导轨配置倾斜滑板，以及倾斜式导轨防护罩（见图2-1c）。这种布置形式具有水平床身导轨制造方便等特点，而且床身宽度尺寸小，便于实现自动排屑，易于安装机械手装置，容易实现封闭式防护，适用于中小型数控车床。

（2）刀架布置　数控车床刀架分为排式刀架和回转刀架两大类。两坐标联动数控车床多采用回转刀架，布置方式有回转刀架轴垂直于主轴，以及回转刀架轴平行于主轴两种。

在床身上布置两个独立滑板和回转刀架，即四坐标轴（双刀架）数控车床，可以分别控制两个刀架的进给量，同时加工工件的不同部位。双刀架数控车床能够提高效率，更好地保证形状复杂零件的加工精度。

### 2.1.3　数控车床的分类

**1. 按数控系统功能分类**

（1）经济型数控车床：经济型数控车床（见图2-2），通常是在普通车床基础上进行改进设计，采用步进电动机驱动的开环伺服系统，采用单板机或单片机进行控制。此类数控车床结构简单，价格低廉，没有刀尖圆弧半径补偿和恒定线速度切削等功能。

（2）全功能型数控车床：全功能型数控车床（见图2-3），一般采用闭环或半闭环伺服控制系统，具有高刚度、高精度和高效率等特点。

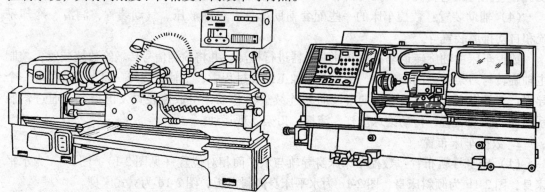

图2-2　经济型数控车床　　　　　　　　图2-3　全功能型数控车床

（3）车削中心：是在全功能型数控车床基础上，配置刀库、换刀装置、分度装置、铣削动力头和机械手等，能够实现多道工序复合加工的数控机床（车削中心）。在对工件进行一次性装卡后，可以完成回转类零件的车、铣、钻、铰、攻螺纹等多道加工工序。

（4）柔性制造单元（FMC车床）：FMC车床是由数控车床加上机器人组成的柔性加工单元。它能够实现工件搬运、装卸自动化，以及加工调整准备自动化功能（见图2-4）。

**2. 按主轴配置形式分类**

（1）卧式数控车床：主轴轴线处于水平位置的数控车床。

（2）立式数控车床：主轴轴线处于垂直位置的数控车床。

（3）双轴数控车床：有两根主轴的双轴卧式或双轴立式数控车床。

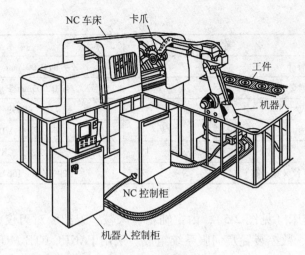

图 2-4  FMC 车床

3. 按数控系统控制轴数分类

（1）2 轴控制数控车床：机床上只有一个回转刀架，可实现两坐标轴联动控制。

（2）4 轴控制数控车床：机床上有两个独立回转刀架，可实现四坐标轴联动控制。

对于车削中心或柔性制造单元，还需增加其它的附加坐标轴满足机床功能。现在使用较多的是中小型两坐标轴联动控制数控车床。

## 2.2  MJ—50 型数控车床及典型机构

### 2.2.1  机床主要技术参数（见表 2-1）

表 2-1  MJ—50 型数控车床技术参数

| 序　号 | 名　　称 | 技 术 参 数 |
|---|---|---|
| 1 | 最大工件回转直径 | 500mm |
| 2 | 最大车削直径 | 310mm |
| 3 | 极限车削直径(调整刀具) | 350mm |
| 4 | 最大加工长度 | 650mm |
| 5 | 主轴驱动电动机 | AC(11/15kW;连续;30min) |
| 6 | 床鞍有效行程 | X 方向 182mm, Z 方向 675mm |
| 7 | 床鞍快速移动速度 | X 方向 10m/min, Z 方向 15m/min |
| 8 | 床鞍定位精度 | X 方向(0.015/100)mm<br>Z 方向(0.025/300)mm |
| 9 | 床鞍重复定位精度 | X 方向 ±0.003mm, Z 方向 ±0.005mm |
| 10 | 刀架装刀数 | 10 把 |
| 11 | 刀架转位数 | 10 位 |
| 12 | 刀架分度重复定位精度 | X 方向 ±0.003mm, Z 方向 ±0.005mm |
| 13 | 控制轴数 | 2 轴 |
| 14 | 同时控制轴数 | 2 轴 |

（续）

| 序　号 | 名　　称 | 技 术 参 数 |
|---|---|---|
| 15 | 最小输入增量 | X方向0.001mm,Z方向0.001mm |
| 16 | 最小指令增量 | X方向0.005mm/P,Z方向0.001mm/P |
| 17 | 最大编程尺寸 | ±9999.999mm |
| 18 | 手动数据输入 | MDI |
| 19 | 数据显示 | CRT |
| 20 | 机床外形(长×宽×高) | 2995mm×1667mm×1796mm |

　　MJ—50型数控车床（见图2-5），由主轴箱、床鞍、刀架、对刀仪、尾座、润滑系统、液压系统、气动系统、数控装置及伺服系统组成。采用FANUC 0TE MODEL A-2数控系统，能进行直线插补和全象限圆弧插补，具有主轴、进给、刀具、刀具补偿、辅助、编程、自诊断和安全报警等各种功能。

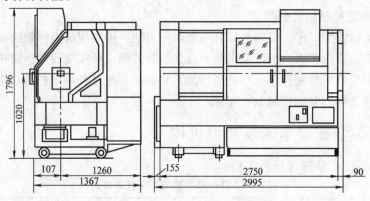

图2-5　MJ—50型数控车床外形

## 2.2.2　机床的传动系统

　　1. 主运动传动系统　MJ—50型数控车床主运动传动系统（见图2-6），由功率为11/15kW的AC伺服电动机进行驱动，经1:1带轮传动主轴在35～3500r/min范围内实现无级变速运动。因为不存在齿轮变速等传动机构，所以具有较高传动精度，而且实行带传动较为平稳。

　　2. 进给运动传动系统　MJ—50型数控车床进给运动传动系统如图2-6所示。X轴方向，由功率为0.9kW交流伺服电动机驱动，经20/24同步带轮传动滚珠丝杠（螺距6mm），通过螺母带动滑板移动。Z轴方向，由功率为1.8kW的交流伺服电动机驱动，经24/30同步带轮传动滚珠丝杠（螺距10mm），通过螺母带动滑板移动。进给传动的精度、灵敏度和稳定性，直接影响加工零件的尺寸精度与轮廓精度，应尽量消除进给传动间隙，充分减小摩擦力和运动惯性力。

　　3. 回转刀架传动系统　数控车床在换刀时，刀架作回转分度运动，回转角度由装刀数确定，MJ—50型数控车床有10把刀具（分度角36°）。刀架回转的动力是液压马达，通过起分度作用的平板共轭分度凸轮，将分度运动传递给一对齿轮副，进而带动刀架完成回转。

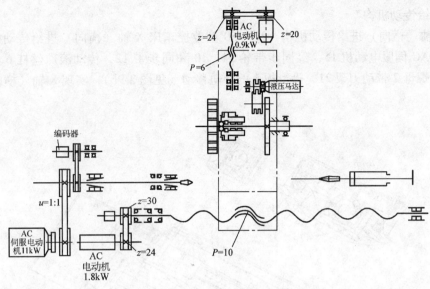

图 2-6　MJ—50 型数控车床传动系统

### 2.2.3　主轴传动机构

　　MJ—50 型数控车床主轴传动机构如图 2-7、图 2-8 所示，由主轴箱、主轴、主轴轴承、调整螺母、弧齿同步齿形带轮副、光电编码器等组成。

　　主轴由 AC 伺服电动机通过弧齿同步齿形带轮副驱动，为了适宜高转速及大转矩输出要求，主轴采用前后两点式支承结构，前轴承为高精度双列圆柱轴承，以及高精度双列组合角接触球轴承，后轴承为高精度双列圆柱轴承如图 2-8 所示。主轴轴承采用油脂润滑，用非接触式迷宫套密封，润滑脂封入量对轴承寿命和运转温升影响比较大。

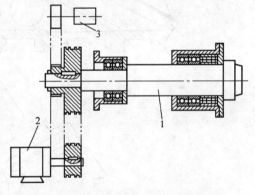

图 2-7　MJ—50 型数控车床主轴传动机构
1—主轴　2—电动机　3—编码器

　　数控车床主轴编码器采用光电脉冲发生器，通过齿轮 1:1 同步传动（见图 2-6），也可以用弹性联轴器直接安装在主轴上。主轴编码器用于检测旋转运动信号，一方面用于实现主轴调速的数字反馈，另一方面控制主运动与进给运动同步，如车削加工螺纹等。

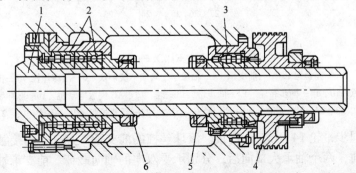

图 2-8　MJ—50 型数控车床主轴部件结构
1—主轴　2—前轴承　3—后轴承　4—带轮　5、6—调整螺母

### 2.2.4 进给传动机构

1. X轴（横向）进给传动机构　MJ—50 型数控车床 X 轴（横向）进给传动机构如图 2-9 所示。AC 伺服电动机 15，经同步带轮 14、10 和同步带 12，传动滚珠丝杠 6（见图 2-9a），传动螺母 7 带动刀架 21，沿滑板 1 的导轨移动（见图 2-9b），实现 X 轴（横向）进给运动。

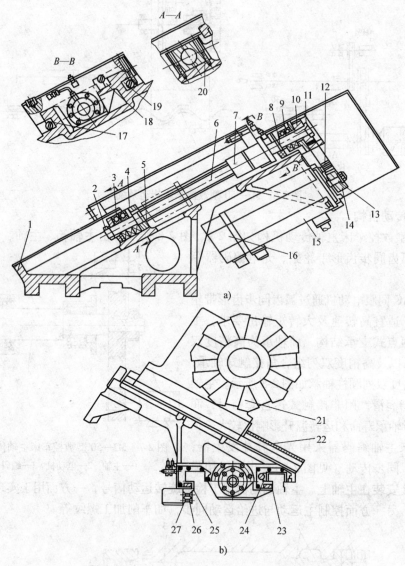

图 2-9　MJ—50 型数控车床 X 轴进给传动装置

1—滑板　2、11—锁紧螺母　3—前支承　4—轴承座　5、8—缓冲块　6—滚珠丝杠　7—传动螺母
9—后支承　10、14—同步带轮　12—同步带　13—键　15—AC 伺服电动机　16—脉冲编码器
17、18、19、23、24、25—镶条　20—螺钉　21—刀架　22—导轨护板　26—限位开关　27—撞块

电动机轴与同步带轮 14 用键 13 连接。滚珠丝杠的前支承 3 是三个角接触球轴承，其中一个轴承大口向前，两个轴承大口向后，分别承受双向的轴向载荷。前支承轴承由螺母 2 进行预紧。其后支承 9 为一对角接触球轴承，轴承大口相背放置，由锁紧螺母 11 进行预紧。这种丝杠两端固定支承形式，虽结构和工艺都较复杂，但可以提高丝杠轴向刚度。脉冲编码

器 16 安装在伺服电动机尾部。图中 5 和 8 是缓冲块，在出现意外碰撞时起保护作用。

　　*A—A* 剖视图表示滚珠丝杠前支承的轴承座 4 用螺钉 20 固定在滑板上。滑板导轨如 *B—B* 剖视图所示为矩形导轨，镶条 17、18、19 用来调整刀架与滑板导轨的间隙。

　　图 2-9b 中 22 为导轨护板，26、27 为机床参考点的限位开关和撞块。镶条 23、24、25 用于调整滑板与床身导轨的间隙。

　　因为滑板顶面导轨与水平面倾斜 30°，回转刀架的自身重力使其下滑，滚珠丝杠和螺母不能以自锁阻止其下滑，故机床依靠 AC 伺服电动机的电磁制动来实现自锁。

　　2. Z 轴（纵向）进给传动机构　MJ—50 型数控车床 Z 轴（纵向）进给传动机构如图 2-10 所示。AC 伺服电动机 14 经同步带轮 12、2 和同步带 11，传动滚珠丝杠 5，工作螺母 4 带动滑板连同刀架沿床身 13 的矩形导轨移动（见图 2-10a），实现 Z 轴（纵向）进给运动。

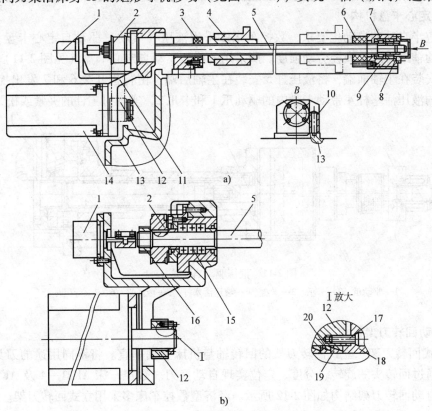

图 2-10　MJ—50 型数控车床 Z 轴进给传动装置

1—脉冲编码器　2、12—同步带轮　3、6—缓冲块　4—工作螺母　5—滚珠丝杠
7—圆柱滚子轴承　8、16—螺母　9—右支承座　10、17—螺钉　11—同步带　13—床身
14—AC 伺服电机　15—角接触球轴承　18—法兰　19—内锥环　20—外锥环

　　电动机轴与同步带轮 12 之间用锥环无键连接，局部放大视图中 19 和 20 是锥面相互配合的内、外锥环，当拧紧螺钉 17 时，法兰 18 的端面压迫外锥环 20，使其向外膨胀，内锥环 19 受力后向电动机轴收缩，从而使电动机轴与同步带轮连接在一起。这种连接方式无需在被连接件上开键槽，而且两锥环的内、外圆锥面压紧后，使连接配合面无间隙，对中性较好。选用锥环对数的多少，取决于所传递转矩的大小（见图 2-10b）。

滚珠丝杠的左支承由三个角接触球轴承15组成，其中右边两个轴承与左边一个轴承的大口相对布置，由螺母16进行预紧。滚珠丝杠的右支承为一个圆柱滚子轴承7，只用于承受径向载荷，轴承间隙用螺母8来调整。滚珠丝杠的支承形式为左端固定，右端浮动，留有丝杠受热膨胀后轴向伸长的余地。3和6为缓冲块，起超程保护作用。B向视图中的螺钉10将滚珠丝杠的右支承座9固定在床身13上（见图2-10a）。

Z轴（纵向）进给机构中，脉冲编码器1与滚珠丝杠5相连接，直接检测丝杠的回转角度，以提高系统在Z轴（纵向）进给的控制精度（见图2-10b）。

滚珠丝杠螺母轴向间隙用预紧方式加以消除，预紧载荷以减小弹性变形引起的轴向位移为度。预紧力过大会增加摩擦阻力，降低传动效率，缩短使用寿命。因此，要保证在最大轴向载荷下，既消除间隙又能灵活运转。丝杠螺母副预紧力通常在出厂时已经调整好。

### 2.2.5　自定心卡盘机构

为适应半自动和自动化要求，数控车床多采用液压（气动）驱动自定心卡盘，以减少装夹工件的辅助时间，减轻劳动强度。所采用的液压驱动自定心卡盘（见图2-11），用螺钉将卡盘3安装在主轴前端，将液压缸5安装在主轴后端，由行程开关6和7发出控制信号，往复运动的液压活塞杆4带动卡盘内的驱动爪1和卡爪2，实现对工件的夹紧或松开功能。

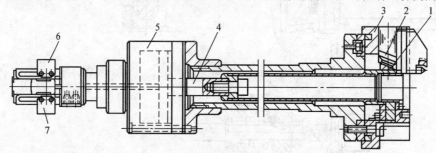

图2-11　液压驱动自定心卡盘

1—驱动爪　2—卡爪　3—卡盘　4—液压活塞杆　5—液压缸　6、7—行程开关

### 2.2.6　自动回转刀架机构

1. 立式回转刀架　立式回转刀架的回转轴与机床主轴垂直。将不同用途的刀具安装在刀座上，通过回转头的旋转、分度、定位实现自动换刀。数控车床AK21—4及AK21—6系列，立式自动回转刀架结构如图2-12所示。经济型数控车床多采用立式回转刀架。

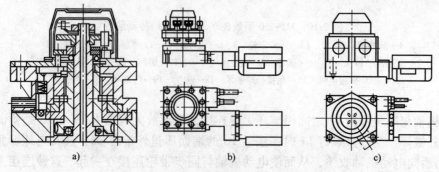

图2-12　AK21—4、AK21—6立式回转刀架

a）刀架结构简图　b）四方刀架外形图　c）六方刀架外形图

2. 卧式回转刀架　卧式回转刀架的回转轴与机床主轴平行。卧式回转刀架可在径向与轴向安装刀具，径向安装刀具用于加工外圆及端面，轴向安装刀具用于加工内孔。回转刀架可达 20 个刀位数，常用的有 8、10、12、14 个刀位数。用电动或液压实现刀架松开、回转、夹紧，如电动松开、回转、碟形弹簧夹紧；电动回转，液压松开、夹紧等。采用光电编码器对刀位进行计数。

MJ—50 数控车床的卧式回转刀架结构如图 2-13 所示。当接收到数控系统换刀指令时，刀盘松开，旋转到指令要求的刀位，刀盘夹紧并发出转位结束信号。该回转刀架的夹紧与松开、刀盘的转位，均由 PLC 顺序控制及液压系统驱动来实现。

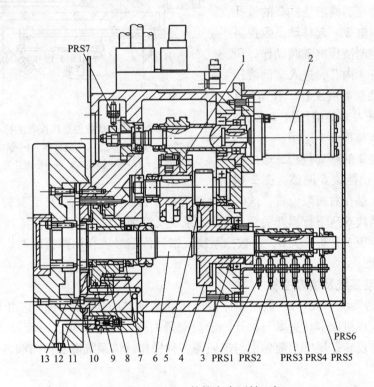

图 2-13　MJ—50 数控车床回转刀架
1—平板共轭分度凸轮　2—液压马达　3—锥环　4、5—齿轮副　6—刀架主轴
7、12—推力球轴承　8—双列滚针轴承　9—活塞　10、13—静、动鼠牙盘　11—刀盘

安装刀具的刀盘 11 与刀架主轴 6 固定连接，动鼠牙盘 13 与静鼠牙盘 10 脱开，刀架主轴 6 带动刀盘 11 旋转，当旋转到指定刀位，由鼠牙盘的啮合来完成刀盘定位。回转刀架机构的活塞 9，由推力球轴承 7、12 及双列滚针轴承 8 支承，当接到换刀指令时，活塞 9 推动刀架主轴 6 向左移动，使鼠牙盘 13 与 10 脱开。按顺序启动的液压马达 2，带动平板共轭分度凸轮 1 转动，经齿轮 5 和 4 带动刀架主轴 6 和刀盘 11 旋转。

刀盘旋转的准确位置，通过开关 PRS1、PRS2、PRS3、PRS4 通断组合检测确认。当刀盘旋转到指定刀位，开关 PRS7 通电，向数控系统发出信号，指令液压马达停转，这时压力油推动活塞 9 向右移动，使鼠牙盘 10 和 13 啮合，刀盘被定位夹紧。开关 PRS6 确认夹紧并向数控系统发出信号，完成刀架转位换刀循环过程。

在数控机床自动控制状态下，换刀指令所指定的刀号由数控系统自行运算判断，控制刀盘就近转位换刀，即刀盘可正转也可反转。当采用手动操作机床时，从正对刀盘的方向观察，换刀只能顺时针方向转动刀盘。

### 2.2.7 车床尾座

MJ—50 数控车床配置的标准尾座如图 2-14 所示。它由滑板带动在床身导轨上整体移动，在尾座移动到确定的位置后，用手动控制液压机构将其锁紧在床身导轨上。

顶尖 1 安装在套筒液压缸 2 的锥孔内，随套筒液压缸 2 一起移动。数控系统发出指令，控制液压电磁阀动作；压力油通过活塞杆 4 内孔，进入套筒液压缸 2 左腔，推动套筒液压缸 2 和顶尖 1 伸出；压力油进入套筒液压缸 2 右腔，使套筒液压缸 2 和顶尖 1 退回。

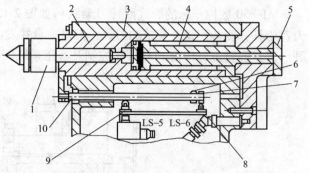

图 2-14 MJ—50 数控车床配置的标准尾座
1—顶尖 2—套筒液压缸 3—尾座体 4—活塞杆 5—端盖
6—活动挡块 7—固定挡块 8、9—行程开关 10—行程杆

套筒液压缸 2 的移动行程，通过行程杆 10 上的活动挡块 6 调整，图 2-14 所示活动挡块 6 是在右极限位置，这时套筒液压缸 2 为最大移动行程。当套筒液压缸 2 伸出到位时，活动挡块 6 压下行程开关 9，向数控系统反馈到位信号；当套筒液压缸 2 退回到位时，固定挡块 7 压下行程开关 8，向数控系统反馈到位信号。在调整机床时，可手动控制套筒液压缸 2 移动。

### 2.2.8 液压传动系统及换刀控制

1. 液压传动系统 MJ—50 数控车床液压传动系统如图 2-15 所示。它由 PLC 控制电磁换向阀动作，实现机床卡盘夹紧与松开，卡盘夹紧力高、低压转换，回转刀架松开与夹紧，刀架刀盘正转与反转，尾座套筒伸出与退回等各种操作。该系统电磁换向阀各电磁铁动作顺序，见表 2-2。

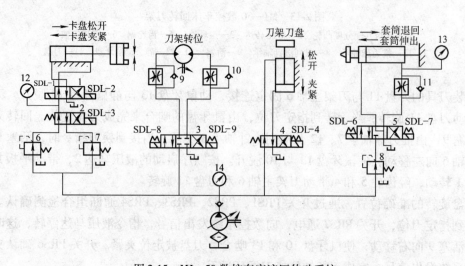

图 2-15 MJ—50 数控车床液压传动系统

表 2-2　电磁铁动作顺序表

| 动作 | 电磁铁 | | SDL—1 | SDL—2 | SDL—3 | SDL—4 | SDL—8 | SDL—9 | SDL—6 | SDL—7 |
|---|---|---|---|---|---|---|---|---|---|---|
| 卡盘正卡 | 高压 | 夹紧 | + | − | − | | | | | |
| | | 松开 | − | + | − | | | | | |
| | 低压 | 夹紧 | + | − | + | | | | | |
| | | 松开 | − | + | + | | | | | |
| 卡盘反卡 | 高压 | 夹紧 | − | + | − | | | | | |
| | | 松开 | + | − | − | | | | | |
| | 低压 | 夹紧 | − | + | + | | | | | |
| | | 松开 | + | − | + | | | | | |
| 回转刀架 | 刀架正转 | | | | | | + | − | | |
| | 刀架反转 | | | | | | − | + | | |
| | 刀盘松开 | | | | | + | | | | |
| | 刀盘夹紧 | | | | | − | | | | |
| 尾座 | 套筒伸出 | | | | | | | | + | − |
| | 套筒退回 | | | | | | | | − | + |

注：+表示电磁铁通电；−表示电磁铁断电。

2. **回转刀架换刀控制**　MJ—50 数控车床回转刀架转位流程如图 2-16 所示。由加工程序 T 代码发出换刀指令，通过 PLC 进行顺序控制；电磁铁 SDL—4 得电使刀盘松开，这时刀盘夹紧开关 PRS6 断电（延时 200ms）；当 SDL—8 得电刀盘正转，若 SDL—9 得电则刀盘反转，实现刀盘就近转位换刀；由刀号确认开关 PRS1～PRS4，以及奇偶校验开关 PRS5 确认 T 代码指令刀具；当所指令的刀具到位时，开关 PRS7 使电磁铁 SDL—8 和 SDL—9 失电，液压马达停转，同时 SDL—4 失电刀盘复位，开关 PRS6 通电确认刀盘夹紧。至此，回转刀架完成一次自动换刀循环过程。

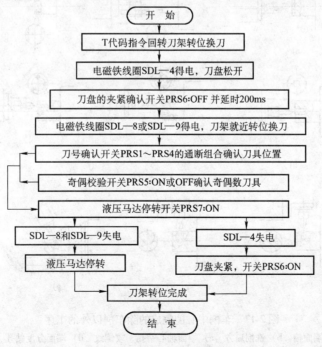

图 2-16　回转刀架转位流程

## 2.3 数控车削中心简介

### 2.3.1 数控车削中心概述

数控车削中心属于一机多用型机床，它扩大了数控车床加工工艺范围，能在工件的一次性安装中，完成不同工艺的多道加工工序，这对于增强机床性能、提高加工精度、减少辅助时间、降低生产成本具有实际意义，特别是对于重型机床，因为大型工件装夹困难，能在一次安装中完成多道工序加工，更能够显示数控车削中心的优越性。

### 2.3.2 数控车削中心工艺范围

在车削加工回转体工件外圆、内孔和端面基础上，数控车削中心可铣削加工端面槽、外圆槽、扁方及多方，以及钻削加工同轴孔、偏心孔、横孔及斜孔等（见图2-17）。

铣削加工端面槽时，锁定主轴及工件位置，由自驱动力铣刀切削（见图2-17a）。当端面槽在径向对称位置，铣刀沿对称线横向（垂直）切削加工。若端面槽不在径向对称位置，则先调整好铣刀偏置量，再沿横向（垂直）切削加工。在加工多个端面槽时，可以用主轴周向分度、调整铣刀偏置量、改变进给方向等达到加工要求。

铣削扁方工件时，锁定主轴及工件位置，由自驱动力铣刀切削（见图2-17b），若铣削多方工件，用主轴进行分度。在端面轴心钻孔、攻螺纹，主轴或自驱动力刀具旋转，刀架纵向进给加工（见图2-17c）。在工件端面非轴心上钻孔、攻螺纹时，调整好刀具上偏置量，由自驱动力刀具加工，孔的周向分布由主轴分度（见图2-17d）。

可在横向或斜面钻孔、铣槽、攻螺纹（见图2-17e、f、g），还可以铣削加工螺旋槽等。

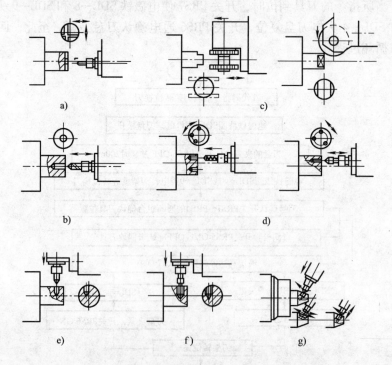

图2-17 车削中心能完成的除车削以外的工序

a）铣削端面槽 b）铣削扁方 c）端面轴心钻孔、攻螺纹 d）端面分度钻孔、攻螺纹

e）横向钻孔 f）横向攻螺纹 g）斜面上钻孔、攻螺纹

### 2.3.3 数控车削中心 C 轴功能

1. C 轴功能用途　数控车削中心主轴，除了完成切削主运动，还具有 C 轴功能，可以实现主轴准停、周向分度、进给插补等。机床主轴的准停、分度及锁紧可应用于工件圆柱面或端面的铣槽、钻孔、攻螺纹等。C 轴与 Z 轴的进给插补联动，或 C 轴与 X 轴的进给插补联动，可应用于铣削工件螺旋槽、斜平面或曲面等（见图 2-18）。

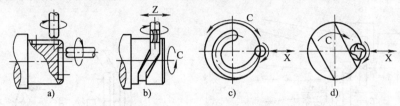

图 2-18　C 轴功能

a）C 轴定向时，在圆柱面或端面上铣槽　b）C 轴、Z 轴进给插补，在圆柱面上铣螺旋槽

c）C 轴、X 轴进给插补，在端面上铣螺旋槽　d）C 轴、X 轴进给插补，铣直线槽和平面

2. C 轴传动系统

（1）精密蜗杆副 C 轴传动：主轴和 C 轴的结构及传动系统如图 2-19 所示。由 C 轴伺服电动机 8 驱动蜗杆 1、蜗轮 3、主轴 2，以实现主轴准停、分度、进给传动。主轴通过齿形带轮副 6，使脉冲编码器 7 同步，检测主轴运动信号，以保证准停、分度、进给精度。蜗杆副除了传动主轴外，还能够锁定主轴，以保证自驱动力刀具稳定切削。主轴电动机 5 与 C 轴伺服电动机 8 互锁，而且在主轴完成切削运动时，蜗杆与蜗轮处于脱开状态。

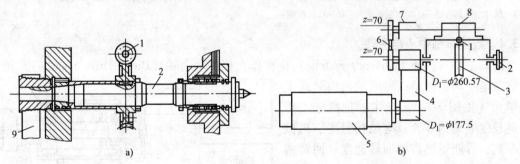

图 2-19　C 轴传动系统（一）

a）主轴、C 轴结构图　b）主轴、C 轴传动图

1—蜗杆　2—主轴　3—蜗轮　4、6—齿形带轮副　5—主轴电动机　7—脉冲编码器　8—C 轴伺服电动机　9—带

（2）滑移齿轮 C 轴传动：主轴箱 9 和 C 轴控制箱 16 如图 2-20 所示。由 C 轴伺服电动机 15 驱动传动齿轮 1、2 和 3、4 齿轮副，滑动齿轮 5 与齿轮 7 的啮合或脱开，由换位液压缸 6 控制，主轴由齿轮 7 传动，以实现主轴准停、分度、进给传动。通过齿形带轮 13，使脉冲编码器 14 与主轴同步，检测主轴运动信号，以保证准停、分度、进给精度。在主轴准停或分度到位时，制动液压缸 10 和主轴制动盘 12 锁定主轴，以保证自驱动力刀具稳定切削。主轴电动机与 C 轴伺服电动机互锁，在主轴实现切削运动时，滑动齿轮 5 与齿轮 7 脱开。

（3）分度齿轮 C 轴传动：主轴分度和 C 轴传动如图 2-21 所示。用主轴 3 上齿数为 120

的三个分度齿轮 4 进行分度，这三个齿轮分别错开 1/3 个齿距，所实现的主轴最小分度值为 1°。主轴分度由带齿的三个插销连杆 5 定位，并分别用三个液压缸 6 压紧锁定。

由 C 轴伺服电动机 1 驱动滑移齿轮 2 和主轴 3，实现 C 轴周向进给传动。在滑移齿轮的啮合与脱开位置，装有电气控制开关，以实现主轴电动机与 C 轴伺服电动机互锁，避免主轴传动与 C 轴传动发生机械干涉。

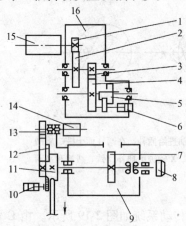

图 2-20　C 轴传动系统（二）

1、2、3、4—传动齿轮　5—滑动齿轮　6—换位液压缸

7—齿轮　8—主轴　9—主轴箱　10—制动液压缸

11—V 带轮　12—主轴制动盘　13—齿形带轮

14—脉冲编码器　15—C 轴伺服电动机　16—C 轴控制箱

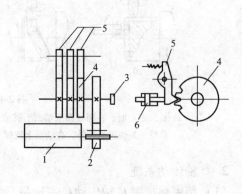

图 2-21　C 轴传动系统（三）

1—C 轴伺服电动机　2—滑移齿轮

3—主轴　4—分度齿轮

5—插销连杆　6—压紧油缸

### 2.3.4　数控车削中心电主轴

高频主轴（High Frequency Spindle）也称作直接传动主轴（Direct Drive Spindle），统一简称为电主轴，它是一种电动机内装式主轴单元（见图 2-22）。电主轴把机床主传动链长度缩短为零，具有结构紧凑、机械效率高、可获得极高的回转速度、回转精度高、噪声低、振动小等优点，在数控机床中得到越来越广泛的应用。

电主轴采用的轴承主要有陶瓷轴承、流体静压轴承和磁悬浮轴承，在很宽的范围内速度连续可调，并在每一种速度下均

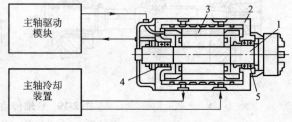

图 2-22　电主轴的结构

1—主轴　2—主轴单元壳体　3—无外壳电动机

4、5—轴承

能提供足够的切削力。电主轴可以带有 C 轴功能，直接完成主轴的准停、分度和进给运动。此外，电主轴还应用于自驱动力刀具机构。

### 2.3.5　自驱动力刀具机构

1. 自驱动力刀具　数控车削中心的自驱动力刀具主要由动力源、传动装置和刀具附件（钻孔附件、铣削附件等）三部分组成，通过变速电动机和传动装置，驱动装在刀架（实现进给运动）上的各种刀具附件，实现加工工件的切削主运动。另一种形式的自驱动力刀具是直接在刀架（实现进给运动）上配备电主轴驱动刀具，实现自动控制无级变速切削主运动。

2. 自驱动力传动装置　自驱动力刀具传动装置如图 2-23 所示。传动箱装在回转刀架体上，变速电动机 3 经锥齿轮副、同步齿形带轮副 1，传动回转刀架转塔的空心轴 4。在轴空心 4 左端装有锥齿轮 5，用于传动自驱动力刀具附件。由图 2-23 可见，齿形带轮与空心轴 4 采用了锥环摩擦连接。

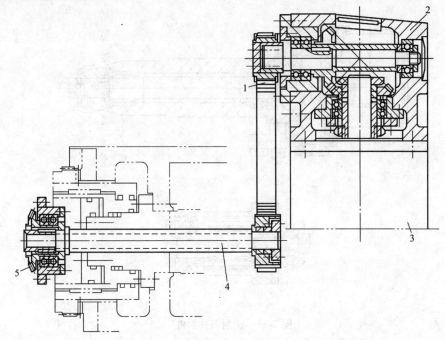

图 2-23　自驱动力刀具传动装置
1—同步齿形带轮副　2—传动箱　3—变速电动机　4—空心轴　5—锥齿轮

3. 自驱动力刀具附件

（1）钻孔刀具附件：高速钻孔附件如图 2-24 所示。使用时将轴套 4 装入回转刀盘的刀具安装孔中，刀具附件的主轴 3 右端装有锥齿轮 1，与图 2-23 中空心轴 4 上的锥齿轮 5 啮合。主轴前端支承是三联角接触球轴承 5，后支承为滚针轴承 2。主轴头部有弹簧夹头 6。拧紧外面的轴套 4，就可靠锥面的收紧力夹持刀具。

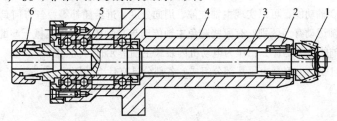

图 2-24　高速钻孔附件
1—锥齿轮　2—滚针轴承　3—主轴　4—轴套　5—角接触球轴承　6—弹簧夹头

（2）铣削刀具附件：图 2-25 分为两部分。图 2-25a 是中间传动装置，仍由轴套的 6 装入转塔刀架的刀具孔中，锥齿轮 1 与图 2-23 中的中空心轴 4 上锥齿轮 5 啮合。轴 2 经锥齿轮副3、横轴4和圆柱齿轮5，将运动传至图2-25b所示的铣主轴8上的齿轮7。铣主轴8上装铣刀。中间传动装置可连同铣主轴一起转方向。如铣主轴水平，则如图2-16c的左图方式加工；如转成竖直，则如其右图方式加工。铣主轴若换成钻孔攻螺纹主轴，可进行如图2-17e、f等方式加工。

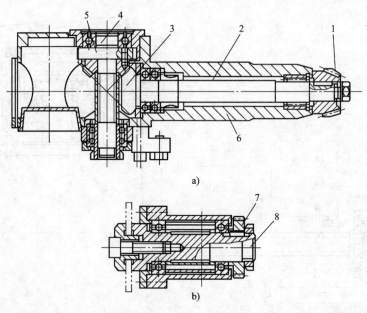

图 2-25　铣削刀具附件

1、3—锥齿轮　2—轴　4—横轴　5、7—圆柱齿轮　6—轴套　8—铣主轴

# 复 习 思 考 题

1. 数控车床主要由哪几个部分组成？

2. 数控车床的布置形式有哪几种？分别应用于什么场合？

3. MJ—50型数控车床传动系统（见图2-6）有几条传动链，描述各条传动链的运动传递？

4. MJ—50型数控车床Z轴进给传动装置（见图2-10）的丝杠支承方式有何特点？

5. MJ—50数控车床回转刀架（见图2-13）的回转、定位和夹紧是如何实现的？

6. 数控车削中心C轴功能，可以实现主轴准停、周向分度、进给插补等，各有何具体用途？

7. 主轴运动和C轴运动有何区别？有哪些避免主轴传动与C轴传动发生机械干涉的方式？

8. 数控机床电主轴的全称是什么？作为电动机内装式主轴单元有何优点？

9. 数控车削中心自驱动力刀具由哪几部分组成？各部分具有什么功用？

# 第3章 数控铣床

## 3.1 概述

### 3.1.1 数控铣床功能与用途

数控铣床分为一般功能和特殊功能两大类。一般功能数控铣床可实现点位控制、连续轮廓控制、刀具半径自动补偿、镜像加工、固定循环等各种功能。特殊功能数控铣床可实现刀具长度补偿、靠模加工、自动变换工作台、自适应、数据采集等各种功能。只有十分熟悉数控铣床的不同功能，才能够充分地加以利用，实现在一般铣床上很难完成的加工内容。数控铣床以铣削加工为主，同时还能进行钻、扩、镗、铰、锪、攻螺纹等各种加工。

（1）平面类零件：切削加工空间平面如图 3-1a 所示。零件的加工平面分别平行、垂直、倾斜于水平面，其特点是加工单元面是平面或可以展开为平面。在数控铣床上加工的绝大多数都是平面类零件。

（2）曲面类零件：切削加工空间曲面，如图 3-1b 所示。曲面类零件又称为立体类零件，其特点是切削面不能展开为平面，而且在切削过程中，切削面始终与铣刀点接触。加工曲面类零件的数控铣床一般采用三坐标数控铣床。

（3）变斜角类零件：切削加工空间面与水平面的夹角呈连续变化如图 3-1c 所示。其特点是切削面不能展开为平面，而且在切削过程中，切削面与铣刀圆周接触的瞬间为一条直线。这类零件采用四坐标或五坐标数控铣床摆角加工，也可以在三坐标数控铣床上用两轴半联动近似加工。

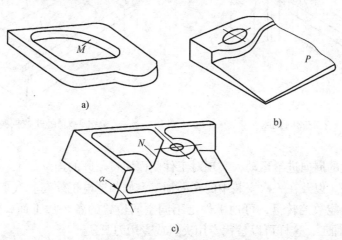

图 3-1　典型平面零件

### 3.1.2 数控铣床的分类

1. 立式数控铣床　这是主轴垂直于水平面的数控铣床。中小型立式数控铣床由主轴完成主运动，由工作台完成 X、Y、Z 轴方向的进给运动，主轴能够沿垂直方向伸缩，主轴和工作台位置可用机动或手动调整。对于大型立式数控铣床，因需要考虑到扩大行程、增加机床刚性、缩小占地面积等问题，多采用龙门架移动式，由龙门架横向与垂直溜板上的主轴完成主运动，由龙门架沿床身导轨移动完成进给运动。

立式数控铣床大多数是三轴联动加工，也有 3 轴中只能任意两轴联动，称为两轴半联动加工。实现 4 轴或 5 轴联动的铣床，其主轴可绕 X、Y、Z 轴中一个或两个轴作摆角运动。五坐标龙门式数控铣床如图 3-2 所示。立式数控铣床通过附加数控转盘，采用自动交换台，增加靠模装置等，增加机床功能，扩大加工范围，提高生产效率。

在通常情况下，数控机床控制的坐标轴越多，尤其是实现联动的坐标轴越多，其功能就会越完备，用途也越广泛。同时，机床结构变得更加复杂，对数控系统的要求更高，编程难度会更大，设备造价也随之增加。

2. 卧式数控铣床　这是主轴平行于水平面的数控铣床。为了增加机床功能，扩大加工适用范围，通常采用安装数控转盘的方法，实现四坐标或五坐标加工（见图 3-3）。卧式数控铣床适用于加工箱体和大中型回转体工件，以及在一次安装中需要改变工位的加工。

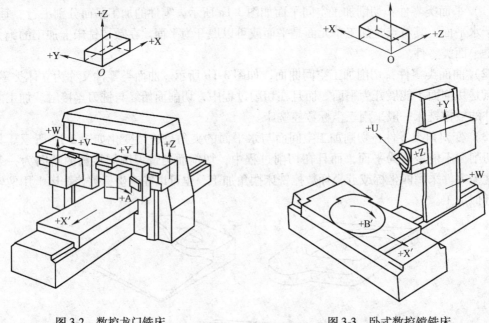

图 3-2　数控龙门铣床　　　　　　　　图 3-3　卧式数控镗铣床

通过数控转盘的周向进给运动，实现对工件侧面回转轮廓的连续加工，如矿山机械上用的大型圆柱齿轮等，以及在一次安装中的多面加工，如制造电视外壳、汽车外壳的大型模具等。特别是通过万能数控转盘，可把工件上不同空间位置的各个加工面，逐一调整到垂直（水平）位置进行加工，这样可以替代专用夹具或专用刀具。

3. 立卧两用数控铣床　立式加工状态和卧式加工状态如图 3-4 所示。机床主轴位置变换，可用手动或自动方式调整，采用数控万能主轴头的立卧两用数控铣床，其主轴能够调整到任意方位，以加工处于不同角度的工件表面。在立卧两用数控铣床上安装数控转盘后，除了工件的定位安装表面外，对其它所有表面均可进行加工。

由于立卧两用数控铣床主轴方向可以变换，在一台机床上既可以进行立式加工，又可以进行卧式加工，其功能更为齐备，应用范围更广泛，选择加工余地也更大，给用户带来了很大的便利。尤其是在批量小和品种多的情况下，同时需要立卧铣削加工手段时，只需一台立卧两用数控铣床就能满足要求。因此，这类铣床在逐步增多。

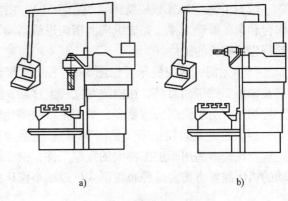

### 3.1.3 数控铣床结构特征

1. 数控铣床主轴特征　数控铣床主轴的开停、正反转和变速等，可以按照输入程序自动执行。用变频机组调速的机床，将一个固定转速编入程序，主轴运转时不能更改转速；用变频器调速的机床，将一个转速档次编入程序，主轴运转时可用控制面板旋钮，在档次范围内调节转速；用无级调速的机床，将速度范围的任一转速编入程序，主轴运转时可进行无级调速。

图 3-4　立卧两用数控铣床
a) 立式加工状态　b) 卧式加工状态

主轴不能大起大落地突变调速，应在允许范围内调高或调低转速。数控铣床主轴通常都设有退刀装置，能很快完成自动换刀。多坐标数控铣床主轴可绕 X、Y、Z 轴摆动，其主轴结构比较复杂。

2. 控制运动坐标特征　实现对工件复杂形状轮廓的连续加工，控制刀具沿平面或空间设定的直线、曲线轨迹运动，要求数控铣床的伺服拖动系统在多坐标方向同时协调动作，并保持严格的相互运动关系，即要求机床实现多坐标轴联动。数控铣床能够控制联动的坐标数，最少是三坐标中的任意两个，即实现两轴半联动加工。连续加工直线变斜角工件，要求实现四坐标联动。若要加工曲线变斜角工件，则要求实现五坐标联动。

## 3.2　数控铣床组成与布置

### 3.2.1　数控铣床部件组成功能

数控铣床由机床本体和数控装置两大部分组成。机床本体部件包括：机座、机体、床身、主轴部件、工作台、升降台、滑台、滑枕、龙门架、主运动机构、进给运动机构、安装工件机构、自动换刀机构、润滑系统、冷却系统、排屑系统等。数控装置包括：主运动伺服控制、进给运动伺服控制、工件安装和换刀自动控制、加工程序及参数显示，图形及加工轨迹显示，故障自动报警等。

机床本体部件的强度、刚度、精度及配置是保证加工质量及提高效率的基本条件。各种类型数控铣床总体的布置形式，因加工工件类型和重量的不同，实现切削运动分配方式的差异，机床结构和性能的需要，各有其自身的规律与特点。

### 3.2.2　铣床布置与工件的关系

在铣削加工过程中，主运动通常由刀具旋转完成，进给运动可以由刀具完成，也可以由工件完成，或者由刀具与工件联动完成，这都取决于加工工件尺寸、形状和重量等，需要铣床总体用不同的布置形式，以满足各种工件铣削加工要求。根据工件尺寸、形状和重量的不同，铣床可以有四种不同的布置形式（见图 3-5）。

（1）升降台式数控铣床（见图 3-5a）：由工作台、床鞍和升降台带动工件，完成纵、横、垂直三个方向的进给运动。适用于加工重量较轻工件,当工件较重或高度尺寸较大时,有的铣床可由主轴带动刀具,完成较小行程的垂直进给运动。

（2）升降主轴式数控铣床（见图3-5b）：由主轴箱带动刀具,完成垂直进给运动,由工作台和床鞍带动工件,完成纵向和横向进给运动。适用于加工尺寸和重量较大,垂直进给运动行程比较长的工件。

（3）龙门式数控铣床（见图3-5c）：由工作台带动工件,完成纵向进给运动,由多个刀架及铣头部件带动刀具,在横梁和立柱上移动,完成横向和垂直进给运动。适用于重量大的工件加工,由于铣削头数量多,加工生产效率比较高。

（4）落地式数控铣床（见图3-5d）：主运动和各个方向的进给运动均由铣削头带动刀具完成。该铣床适用于加工特大的重型工件,由于难以使工件实现进给运动,因此采用工件不动的机床配置方案。这种布置形式可以减小铣床的结构尺寸和重量。

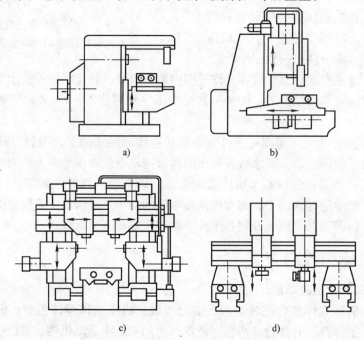

图 3-5　数控铣床本体布置形式
a）升降台式数控铣床　b）升降主轴式数控铣床　c）龙门式数控铣床　d）落地式数控铣床

### 3.2.3　铣床布置与运动分配的关系

数控铣床切削运动数目的多少,主要取决于机床功能及表面成形需要,机床部件布置与运动的分配密切相关（见图3-6）。

以数控镗铣床为例,一般都有四个进给运动的部件,要根据加工的需要来配置这四个进给运动部件。如果需要对工件的顶面进行加工,则铣床主轴应布局成如图3-6a所示。在三个直线进给坐标之外,再在工作台上加一个既可立式也可卧式安装的数控转台或分度工作台作为附件。如果需要对工件的多个侧面进行加工,则主轴应布局成卧式的,同样是在三个直线进给坐标之外再加一个数控转台,以便在一次装夹时集中完成多面的铣、镗、钻、铰、攻螺纹等多工序加工,如图3-6b、图3-6c所示。

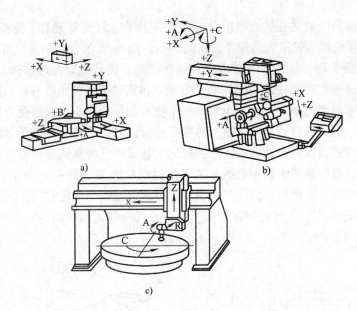

图 3-6　数控铣床布置与运动分配的关系

在数控铣床上用端铣刀加工空间曲面型工件，是一种最复杂的加工情况，除主运动以外，一般需要有三个直线进给坐标 X、Y、Z，以及两个回转进给坐标（即圆周进给坐标）运动，以保证刀具轴线向量处处与被加工表面的法线重合，这就是所谓的 5 轴联动的数控铣床。由于进给运动的数目较多，而且加工工件的形状、大小、重量和工艺要求差异也很大。因此，这类数控铣床的布局形式更是多种多样，很难有某种固定的布局模式。在布局时可以遵循的原则是：获得较好的加工精度、较低的表面粗糙度值和较高的生产率；转动坐标的摆动中心到刀具端面的距离不要过大，这样可使坐标轴摆动引起的刀具切削点直角坐标的改变量小，最好是能布局成摆动时只改变刀具轴线矢量的方位，而不改变切削点的坐标位置；工件的尺寸与重量较大时，摆角进给运动由装有刀具的部件来完成，反之由装夹工件的部件来完成，这样作的目的是要使摆动坐标部件的结构尺寸较小，重量较轻；两个摆角坐标的合成矢量应能在半个空间范围的任意方位变动；布局方案应保证铣床各部件或总体上有较好的结构刚度、抗振性和热稳定性；由于摆动坐标带着工件或刀具摆动，将使加工工件的尺寸范围有所减少，这一点也是在总布局时需要考虑的问题。

### 3. 2. 4　铣床布置与结构性能的关系

数控铣床的总体布局应能兼顾铣床有良好的精度、刚度、抗振性和热稳定性等结构性能。图 3-7 所示的几种数控卧式铣床，其运动要求与加工功能是相同的，但是结构的总体布局却各不相同，因而其结构性能是有差异的。

图 3-7a 与图 3-7b 的方案采用了 T 形床身布局，前床身横置与主轴轴线垂直，立柱带着主轴箱一起作 Z 坐标进给运动，主轴箱在立柱上作 Y 向送给运动。T 形床身布局的优点是：工作台沿前床身方向作 X 坐标进给运动，在全部行程范围内工作台均可支承在床身上，故刚性较好，提高了工作台的承载能力，易于保证加工精度，而且可有较长的工作行程。床身、工作台及数控转台为三层结构，在相同的台面高度下，比图 3-7c 和图 3-7d 的十字形工作台的四层结构，更易保证大件的结构刚性，而且在图 3-7c 和图 3-7d 的十字形工作台的布

局方案中，当工作台带着数控转台在横向（即 X 向）作大距离移动和下拖板作 Z 向进给时，Z 向床身的一条导轨要承受很大的偏载，在图 3-7a、图 3-7b 的方案中就没有这一问题。

在图 3-7a、图 3-7d 中，主轴箱装在框式立柱中间，设计成对称形结构，在图 3-7b 和图 3-7c 中，主轴箱悬挂在单立柱的一侧，从受力变形和热稳定性的角度分析，这两种方案是不同的。框式立柱布局要比单立柱布局少承受一个扭矩和一个弯矩，因而受力后变形小，有利于提高加工精度；框式立柱布局的受热与热变形是对称的，因此，热变形对加工精度的影响小。所以一般数控镗铣床和自动换刀数控镗铣床大都采用这种框式立柱的结构形式。在这四种总布局方案中，都应该使主轴中心线与 Z 向进给丝杠布置在同一个 YOZ 平面内，丝杠的进给力与背向力在同一平面内，因而扭矩很小，容易保证铣削精度和镗孔加工的平行度。但是在图 3-7b、图 3-7c 中，立柱将偏在 Z 向滑板中心的一侧，而在图 3-7a、图 3-7d 中，立柱和 X 向横床身是对称的。

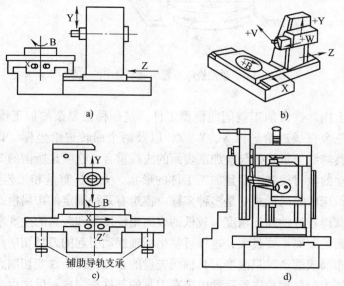

图 3-7　数控铣床布置与结构性能的关系

立柱带着主轴箱作 Z 向进给运动的方案其优点是能使数控转台、工作台和床身为三层结构。但是若铣床的尺寸规格较大、立柱较高较重，再加上主轴箱部件，将使 Z 轴进给的驱动功率增大，而且立柱过高时，部件移动的稳定性将变差。

综上所述，在加工功能与运动要求相同的条件下，数控铣床的总布局方案是多种多样的，以铣床的刚度、抗振性和热稳定性等结构性能作为评价指标，可以判别出布局方案的优劣。

### 3.2.5　铣床布置与使用的关系

数控铣床是一种全自动化的机床，但是如装卸工件和刀具（加工中心可以自动装卸刀具）、清理切屑、观察加工情况和调整等辅助工作由操作者来完成。因此，在考虑数控铣床总体布局时，除遵循铣床布局的一般原则外，还应该考虑以下使用方面的特定要求：

1）为便于同时操作和观察，数控铣床的操作按钮和开关应放在数控装置上。对于小型的数控铣床，将数控装置放在铣床的近旁，一边在数控装置上进行操作，一边观察铣床的工作情况，还是比较方便的。但是对于尺寸较大的铣床，这样的布置方案，因工作区与数控装置之间距离较远，操作与观察会有顾此失彼的问题。因此，要设置吊挂按钮站，可由操作者移至需要和方便的位置，对铣床进行操作和观察。对于重型数控铣床这一点尤为重要，在重型数控铣床上，总是设有接近铣床工作区域（刀具切削加工区），并且可以随工作区变动而移动的操作台，吊挂按钮站或数控装置应放置在操作台上，以便同时进行操作和观察。

2）数控铣床的刀具和工件的装卸及夹紧松开，均由操作者来完成，要求易于接近装卸区域，而且装夹机构要省力和简便。

3）数控铣床的效率高，切屑多，排屑是个很重要的问题，铣床的结构布局要便于排屑。

4）全封闭结构数控铣床的效率高，一般都采用大流量与高压力的冷却和排屑措施；铣床的运动部件也采用自动润滑装置，为了防止切屑与切削液飞溅，避免润滑油外泄，将铣床作成全封闭结构，只在工作区处留有可以自动开闭的门窗，用于观察和装卸工件。

## 3.3 XKA5750 型数控铣床

### 3.3.1 机床组成与基本功能

XKA5750 型数控铣床（见图 3-8），由机床本体部分和控制部分组成。机床本体部分包括底座 1、床身 5、滑枕 8、万能铣头 9、工作台 13、升降滑座 16、伺服电动机 2 和 15、主轴电动机等。机床控制部分包括强电柜 4、数控柜 10、操作面板 11 等。

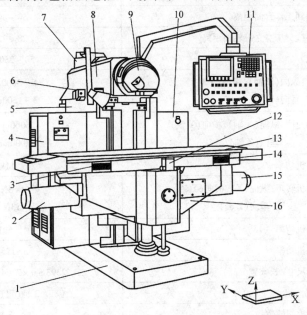

图 3-8　XKA5750 型数控铣床

1—底座　2、15—伺服电动机　3、14—行程限位挡铁　4—强电柜　5—床身　6—横向限位开关
7—后壳体　8—滑枕　9—万能铣削头　10—数控柜　11—操作面板　12—纵向限位开关
13—工作台　16—升降滑座

XKA5750 型数控铣床的万能铣头，可将主轴调整到垂直或水平位置，还可在前半球面内使主轴位于任意空间角度（见图 3-9），因此，具有立卧两用铣床的作用。

XKA5750 型数控铣床的运动是由主轴电动机驱动万能铣头主轴，完成铣削加工主运动；由伺服电动机 15 驱动升降滑座 16 导轨上的工作台 13，完成纵向进给运动（X 轴）；由伺服电动机驱动床身顶部导轨上的滑枕 8，完成横向进给运动（Y 轴）；由伺服电动机 2 驱动升降滑座 16，完成垂直升降进给运动（Z 轴）。机床可实现三轴联动加工，能铣削较复杂的曲面轮廓，如凸轮、模具、样板、叶片、弧形槽等。

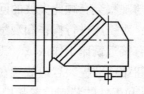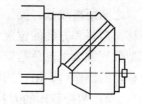

图 3-9　万能铣头立卧加工工位

机床还能通过进给运动机构，实现在 X、Y、Z 轴方向的快速移动。

### 3.3.2　机床主要技术参数（见表 3-1）

表 3-1　XKA5750 型数控铣床技术参数

| 序　号 | 名　　称 | 技 术 参 数 |
|---|---|---|
| 1 | 工作台面积(长×宽) | 1600mm×500mm |
| 2 | 工作台纵向行程 | 1200mm |
| 3 | 滑枕横向行程 | 700mm |
| 4 | 工作台垂直行程 | 500mm |
| 5 | 主轴锥孔标准 | ISO 50 |
| 6 | 主轴端面到工作台面距离 | 50～500mm |
| 7 | 主轴中心线到床身立导轨面距离 | 28～728mm |
| 8 | 主轴转速 | 50～2500r/min |
| 9 | 进给速度:纵向(X轴)、横向(Y轴)<br>垂向(Z轴) | 6～3000 mm/min<br>3～1500mm/min |
| 10 | 快速移动速度:纵向(X轴)、横向(Y轴)<br>垂向(Z轴) | 6000mm/min<br>3000mm/min |
| 11 | 主轴电动机功率 | 11kW |
| 12 | 进给电动机转矩:纵向(X)、横向(Y轴)<br>垂向(Z轴) | 9.3N·m<br>13N·m |
| 13 | 润滑电动机功率 | 60W |
| 14 | 冷却电动机功率 | 125W |
| 15 | 机床外形尺寸(长×宽×高) | 2393mm×2264mm×2180mm |
| 16 | 控制轴数 | 3轴(可选4轴) |
| 17 | 最大同时控制轴数 | 3轴 |
| 18 | 最小设定单位 | 0.001mm/0.0001in |
| 19 | 插补功能 | 直线/圆弧 |
| 20 | 编程功能 | 多种固定循环、用户宏程序 |
| 21 | 程序容量 | 64KB |
| 22 | 显示方法 | 9in 单色 CRT |

### 3.3.3 机床的传动系统

XKA5750 型数控铣床传动系统如图 3-10 所示。

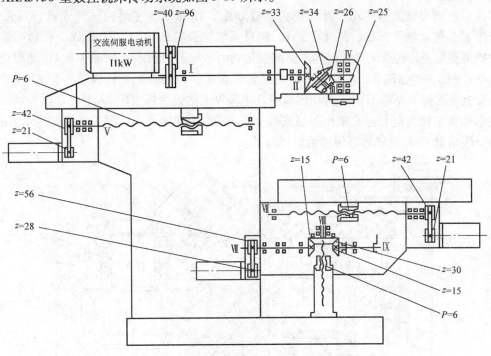

图 3-10 XKA5750 型数控铣床传动系统图

1. 主传动系统 铣床主轴的旋转为主运动。由机床滑枕上的交流伺服电动机驱动，通过弧齿同步齿形带轮副 40/96，传动滑枕上的 I 轴，经过万能铣头上的 II 轴，以及两对弧齿锥齿轮副 33/34、III 轴、26/25，传动 IV 轴（主轴）旋转实现主运动。

电动机转速 120 ~ 6000r/min、主轴转速 50 ~ 2500r/min；在电动机转速 1500r/min、主轴转速 625r/min 以下时，为恒转矩输出；在主轴转速 625 ~ 1875r/min 时，为恒功率输出；当主轴转速超过 1875r/min 时，输出功率开始下降，在主轴转速达到 2500r/min 时，输出功率下降到额定功率的 1/3。

2. 进给传动系统 铣床工作台（X 轴）、滑枕（Y 轴）、升降台（Z 轴）的移动为进给运动。可以实现三轴联动插补进给，以及三轴中任意两轴联动插补进给。

由安装在升降滑座上的伺服电动机驱动，通过弧齿同步齿形带轮副 21/42，传动滚珠丝杆 VI，经过滚珠丝杆螺母副（螺距 6mm），传动工作台移动实现纵向进给（X 轴）。

由安装在床身上的伺服电动机驱动，通过弧齿同步齿形带轮副 21/42，传动滚珠丝杆 V，经过滚珠丝杆螺母副（螺距 6mm），传动滑枕移动实现横向进给（Y 轴）。

由安装在升降滑座上的另一台伺服电动机驱动，通过弧齿同步齿形带轮副（28/56），传动轴 VII，经过弧齿锥齿轮副（15/30），传动滚珠丝杆 VIII，经过滚珠丝杆螺母副（螺距 6mm），传动升降台移动实现垂直方向进给（Z 轴）。

滚珠丝杠 VIII 上的弧齿锥齿轮，还与轴 IX 上的弧齿锥齿轮啮合（30/15），经过超越离合器与自锁器相连，防止升降台因自重而下滑。

### 3.3.4 典型部件结构

1. 万能铣头部件

（1）铣削头组成与传动：万能铣头组成如图 3-11 所示。主要由法兰 3 盘，后壳体 5，前壳体 12，传动轴 Ⅱ、Ⅲ、Ⅳ（主轴），两对弧齿锥齿轮 22、21、27 组成。用紧固螺栓和定位销将铣头安装在机床滑枕前端。铣削主运动由滑枕上的轴 Ⅰ（见图 3-10），通过连接盘 2 和两个平键 1 传到轴 Ⅱ，由轴 Ⅱ 右端的弧齿锥齿轮，与轴 Ⅲ 上的弧齿锥齿轮 22 啮合，通过轴 Ⅲ 上的弧齿锥齿轮 21，与用花键联接在主轴 Ⅳ 上的弧齿锥齿轮 27 啮合，以传动主轴实现主运动。主轴为空心通孔轴，刀具安装在前端 7:24 的锥孔内，用拉杆穿过空心孔拉紧，由两个端面键 18 将主轴转矩传递给切削刀具。

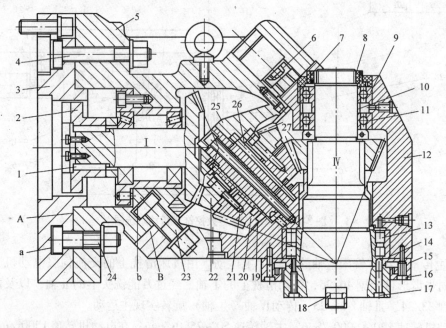

图 3-11　万能铣头部件结构

1—平键　2—连接盘　3、15—法兰盘　4、6、23、24—T 形螺栓　5—后壳体　7—锁紧螺钉
8—螺母　9、11—角接触球轴承　10—隔套　12—前壳体　13—双列圆柱滚子轴承
14—半圆环垫片　16、17—螺钉　18—端面键　19、25—推力短圆柱滚子轴承
20、26—向心滚针轴承　21、22、27—弧齿锥齿轮

（2）传动轴与轴承：在轴 Ⅱ 上为一对 D7029 型圆锥滚子轴承；轴 Ⅲ 的径向载荷由一对 D6354906 型向心滚针轴承 20、26 承载，轴向载荷由两个 D9107 型和 D9106 型推力短圆柱滚子轴承 19 和 25 承载；传动轴 Ⅱ、Ⅲ 均选用/P5 级精度轴承。主轴 Ⅳ 前支承是 C3182117 型双列圆柱滚子轴承 13，只能承受径向载荷；后支承为两个 C36210 型向心推力球轴承 9 和 11，既承受径向载荷也承受轴向载荷。前、后支承均为/P4 级精度。

消除轴承间隙和增加预紧力，可以提高主轴旋转精度与刚度。

主轴前轴承 13 的间隙与预紧力调整，由其内圈在圆锥轴颈上位移的膨胀实现，用修磨半圆环垫片 14 控制位移量。在调整时，先拧下四个螺钉 16，卸下法兰盘 15，松开锁紧螺钉 7，拧松螺母 8，将主轴 Ⅳ 向前推动 2mm 左右，再拧下两个螺钉 17，将半圆环垫片 14 取出，根据间隙大小修磨垫片，然后将上述零件重新装好。

主轴后支承的两个向心推力球轴承开口朝外（角接触球轴承9开口朝上、11开口朝下），两轴承外圈固定，通过减小两轴承内圈距离，在外圈内锥的作用下、压紧轴承滚动体，以调整轴承间隙和预紧力。在调整时，松开锁紧螺钉7，拧下螺母8，取出角接触球轴承9内圈和隔套10。将隔套10修磨到合适尺寸，重新安装时，用螺母8顶紧轴承内圈及隔套10，最后拧紧锁紧螺钉7。

（3）主轴方位调整：由法兰盘3与后壳体5之间的回转面A，以及后壳体5与前壳体12之间的回转面B，调整主轴Ⅳ方位，回转面A与B成45°角。在回转面A的法兰盘3上，有圆环T形槽a，松开T形螺栓4和24，可使铣头绕水平轴Ⅱ转动，在回转面B的后壳体5上，有圆环T形槽b，松开T形螺栓6和23，可使铣头绕与水平轴线成45°角的轴Ⅲ转动，调整到位后用T形螺栓锁紧。分别绕轴Ⅱ、Ⅲ转动的叠加效果，可使主轴轴线处于前半球面的任意角度和方位。

2. 工作台传动机构　工作台传动机构如图3-12所示。交流伺服电动机20驱动同步齿形带轮副19、14和11，通过滚珠丝杠2和螺母1，使安装螺母1的工作台4移动。伺服电动机装有编码器，向数控系统反馈检测的位移量，形成半闭环伺服控制系统。

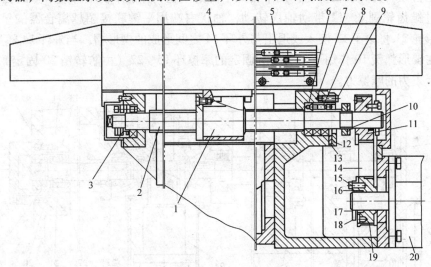

图3-12　工作台传动机构

1、3、10—螺母　2—滚珠丝杠　4—工作台　5—限位挡铁　6、7、8—轴承　9、15—螺钉
11、19—带轮　12—法兰盘　13—垫片　14—同步齿形带　16—外锥环　17—内锥环
18—端盖　20—交流伺服电动机

同步齿形带轮与伺服电动机轴用锥环进行连接，这种配合无间隙，而且对中性好。

滚珠丝杠两端均采用角接触球轴承。右端支承是三个7602030TN/P4TFTA轴承，精度等级/P4，径向载荷由三个轴承分担。轴承6、7开口向右，承受向左的轴向载荷；轴承8开口向左，承受向右的轴向载荷。当螺母10压紧隔套和轴承内圈时，因轴承外圈比内圈轴向尺寸稍短，仍有微量间隙，螺钉9压紧法兰盘12和轴承外圈产生预紧力，用修磨垫片13厚度尺寸控制预紧力大小。左端支承是7602025TN/P4轴承，除了承受一定载荷外，还通过调整螺母3，使滚珠丝杠产生预拉伸，以提高其刚度和减小热变形影响。

工作台纵向移动行程由限位挡铁5进行调整。

3. 升降台传动与自动平衡机构

（1）升降台传动机构（见图3-13）：安装在升降台上的交流伺服电动机1，驱动同步齿形带轮2、3，通过轴Ⅶ和右端的锥齿轮7，传动锥齿轮8，使垂直滚珠丝杠Ⅷ转动，滚珠丝杠螺母副将转动变为移动，在螺母24的反作用力下，升降台随滚珠丝杠作上升或下降移动。由支承套23将螺母24固定在机床底座上，滚珠丝杠主要通过锥齿轮8与升降台连接，由深沟球轴承9和角接触球轴承10承受径向载荷，由/P5级精度的推力圆柱滚子轴承11承受轴向载荷。

传动轴Ⅶ有左、中、右三点支承。左支承主要承载带轮副传动产生的径向载荷；右支承主要承载锥齿轮传动产生的径向载荷；中间支承可对轴向位置进行调整，同时承载轴向和径向载荷。中间支承为一对角接触球轴承，螺母4将轴承内圈和隔套5锁定在轴上，并可对轴承进行预紧。由修磨隔套5、6厚度确定预紧量，由螺钉、法兰盘、轴承碗等，将轴承外圈和隔套6固定在升降台上，传动轴的轴向位置由螺钉25进行调节。

（2）升降台自动平衡机构（见图3-13）：轴Ⅸ的安装位置在水平面内，与轴Ⅷ的轴线呈90°相交。在轴Ⅸ右端为自动平衡机构，由单向超越离合器和自锁器组成，以解决滚珠丝杠螺母副不能自锁、升降台在重力作用下自然下降的问题，并能平衡上升或下降的驱动力。滚珠丝杠通过锥齿轮副8、12带动轴Ⅸ转动，轴Ⅸ右端用平键联接超越离合器的星形轮21。转动的星形轮21将滚子13楔入或退出与外环14之间形成的楔形槽，当外环14随星形轮21转动时，在碟形弹簧19作用下，与两端固定的摩擦环15、22（由防转销20固定），形成可平衡升降台重力的摩擦力。

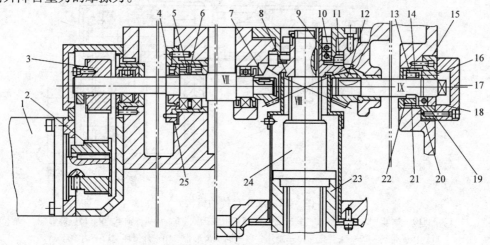

图3-13　升降台传动及自动平衡机构

1—交流伺服电动机　2、3—齿形带轮　4、18、24—螺母　5、6—隔套　7、8、12—锥齿轮
9—深沟球轴承　10—角接触球轴承　11—滚子轴承　13—滚子　14—外环　15、22—摩擦环
16、25—螺钉　17—端盖　19—碟形弹簧　20—防转销　21—星形轮　23—支承座

当升降台上升时，转动的星形轮21将滚子13退出与外环14之间形成的楔形槽，即外环14不随星形轮21转动，自锁器不起作用。当升降台下降时，转动的星形轮将滚子13楔入与外环14之间形成的楔形槽，即外环14随星形轮21转动，在碟形弹簧19作用下，外环14与两端固定的摩擦环15、22（由防转销20固定），产生用于平衡升降台重力的摩擦力，即下降时的驱动力，要克服相当于升降台重力的摩擦力，使下降驱动力与上升驱动力大小相

当。当升降台停止时，在重力作用下滚珠丝杠的转动趋势与驱动升降台下降时的方向一致，故其通过超越离合器连接自锁器，通过摩擦力形成自锁，使升降台不会因重力而自然下降。在调整时，先用辅助装置支承住升降台，拆下端盖17，松开螺钉16，适当旋紧或旋松螺母18，压紧或松开碟形弹簧19，即可增大或减小自锁力。

4. 数控回转工作台 数控回转工作台和数控分度头是数控铣床的常用附件，都可以使数控铣床增加一个数控轴，以扩大数控铣床适用范围。数控回转工作台用于板类、箱体类、连续回转体零件的多面加工，数控分度头用于轴类、套类零件的圆柱面和端面加工。数控回转工作台和数控分度头都可通过接口，由机床的数控装置控制，也可由独立的数控装置控制。

立卧式数控回转工作台（见图3-14）有两个相互垂直的安装面，可用定位键22进行立式或卧式定位安装。工作台4用于安装工件，可用心轴6的中心孔定心，用T形螺钉和压板进行装夹。工作台4回转由直流伺服电动机17驱动，可完成分度和连续回转进给运动，在伺服电动机尾部，装有每转1000个脉冲信号的编码器，实现半闭环数字控制。

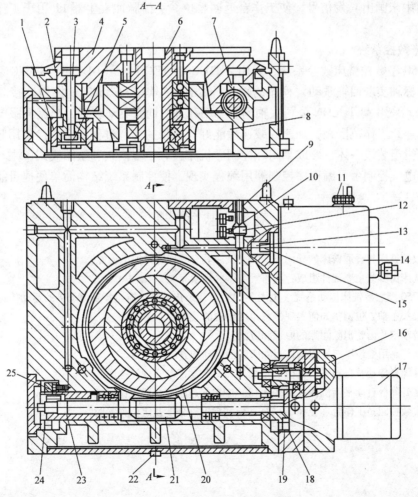

图3-14 立卧式数控回转工作台

1—夹紧液压缸 2—活塞 3—拉杆 4—工作台 5—弹簧 6—心轴 7—工作台导轨面 8—底座 9—夹紧信号开关 10—松开信号开关 11—手摇脉冲发生器 12—触头 13—油腔 14—气液转换装置 15—活塞杆 16—法兰盘 17—直流伺服电动机 18、24—螺钉 19—双片齿轮 20—蜗轮 21—蜗杆 22—定位键 23—螺纹套 25—螺母

机械传动由两对齿轮副和一对蜗杆副完成。齿轮副用双片齿轮错齿法消除间隙，卸下直流伺服电动机 17 和法兰盘 16，松开螺钉 18，转动双片齿轮消除间隙。蜗杆副用变齿厚双导程蜗杆消除间隙，松开螺钉 24 和螺母 25，转动螺纹套 23，使蜗杆 21 轴向移动，改变蜗杆沿轴向与蜗轮 20 的啮合部位，以消除啮合间隙。工作台导轨面 7 贴有聚四氟乙烯，以改善导轨的动、静摩擦因数，提高运动性能和减少导轨磨损。

控制气液转换装置 14 使气缸活塞杆 15 向右退回，油腔 13 及管路中的油压降低，工作台夹紧液压缸 1 的上腔减压，活塞 2 在弹簧 5 作用下向上运动，拉杆 3 松开工作台，同时触头 12 向内退回，松开夹紧信号开关 9，压下松开信号开关 10，直流伺服电动机 17 开始驱动工作台回转（或进行分度），工作台回转完毕（或分度到位）；控制气液转换装置 14 使气缸活塞杆 15 向左伸出，油腔 13 及管路中的油压升高，工作台夹紧液压缸 1 的上腔增压，活塞 2 带动拉杆 3 压缩弹簧 5 下移，将工作台 4 压紧在底座 8 上，同时触头 12 在油压作用下向外伸出，放开松开信号开关 10，压下夹紧信号开关 9。在工作台完成一个工作循环时，零位信号开关（图中未画出）发信号，使工作台返回零位。手摇脉冲发生器 11 用于工作台的手动微调。

### 3.3.5　机床数控系统

XKA5750 型数控铣床数控系统，采用 AUTOCON TECH 公司 DELTA40MCNC 系统，可以通过附加坐标轴实现四轴联动，程序的输入/输出通过软驱和 RS232C 接口连接。主轴驱动和进给驱动，采用 AUTOCON 公司主轴伺服驱动和进给伺服驱动装置，交流伺服电动机的机械特性硬，连续工作范围大，加速或减速性能好，机床的切削过程稳定。检测用脉冲编码器与伺服电动机组装成一体，形成半闭环控制。机床具有学习模式和绘图模式，主轴具有锁定功能。机床电气控制由可编程序控制器用编程实现，使控制系统结构简单便捷可靠。

# 复习思考题

1. 简述数控铣床与普通铣床的异同点，数控铣床具有哪些特种加工功能？
2. 数控铣床由哪些主要部件组成？其布置与哪些因素有关？
3. XKA5750 型数控铣床传动系统（见图 3-10）有几条传动链？描述各条传动链的运动传递。
4. 万能铣头主轴方位调整如何实现任意角度位置的旋转？
5. 简述转动双片齿轮消除间隙的原理和方法。
6. 简述蜗杆副用变齿厚双导程蜗杆消除间隙的原理和方法。
7. 简述升降台传动及自动平衡机构（见图 3-13）的功能与实现过程的。
8. 简述在升降台自动平衡机构（见图 3-13）中单向超越离合器工作原理。
9. 立卧式数控回转工作台（见图 3-14）如何实现准确分度及定位夹紧的？

# 第4章 加工中心

## 4.1 概述

### 4.1.1 加工中心的用途与特点

加工中心在数控铣床和数控镗床基础上，增加了刀具库和自动换刀装置等，可以使工件在一次性安装中，自动地完成多个加工面铣削，以及钻孔、扩孔、镗孔、铰孔、攻螺纹等多道工序加工，可以使加工工序高度集中。加工中心能自动改变主轴转速、进给量大小和刀具运动轨迹，实现包括摆动在内的多轴联动加工。加工中心带有自动分度回转工作台，如果带有交换工作台，可在两个工位上同时完成切削加工和工件装卸。

加工中心工艺范围广，特别适用于箱体类零件加工，机床调整时间短，利用率高，能排除工艺流程中的人为干扰，具有较好的加工一致性。在加工形状复杂，精度要求较高，品种更换频繁的工件时，生产效率高，质量稳定性好，具有良好的经济效益。加工中心的各种辅助功能强，可以减少工件转运、存放、安装、测量等辅助时间。

### 4.1.2 加工中心的基本组成

1. **基础部件** 由机床底座、床身、立柱、工作台和滑台组成。用于承受机床本体和工件的静载荷，以及由切削力产生的动载荷，要求有足够的强度和比较好的刚度，基础部件是加工中心体积和重量最大的部件，通常由铸铁或钢结构件制成。

2. **主轴部件** 由主轴箱、主轴电动机、主轴和轴承等组成。主轴的起停、转动和变速等均由数控系统控制，主轴带动刀具完成切削主运动，输出切削加工的主要功率。

3. **进给机构** 由进给伺服电动机，机械传动机构，位移测量与反馈装置组成，以驱动工作台等移动部件实现进给运动。

4. **数控系统** 加工中心的数控部分由 CNC 装置、可编程序控制器、伺服驱动装置及操作面板等组成，以完成工件加工运动与辅助运动的自动控制。

5. **换刀装置** 由机械手、驱动机构和刀具库组成。根据数控系统发出的指令，由机械手顺序运行主轴与刀具库之间的换刀过程。

6. **辅助装置** 包括检测、液压、润滑、冷却、排屑、防护等。这些装置对提高加工效率、保证加工精度和可靠性具有保障作用，因此也是不可缺少的组成部分。

### 4.1.3 加工中心的分类

1. **按加工中心布置方式分类**

（1）立式加工中心：机床多为固定立柱式布置，主轴为垂直状态（见图 4-1），工作台为长方形，适用于加工各类模具。在工作台上安装数控分度头或回转盘，可在圆柱面或平面上铣削螺旋槽。立式加工中心的结构简单，占地面积小，造价比较低。

（2）卧式加工中心：主轴为水平配置状态（见图 4-2）。通常具有 3~5 轴联动功能，三个直线运动坐标（沿 X、Y、Z 轴方向），加一个回转运动坐标（回转工作台）的加工中心最为常用。由于工作台可作分度和回转运动，因此工件在一次性安装中，能够完成侧面的连续或多面加工，适用于加工圆盘类或箱体类工件。

卧式加工中心有固定立柱和固定工作台两种布置形式。固定立柱式布置，主轴箱沿 Y 轴方向移动，工作台沿 X、Z 轴方向移动。固定工作台式布置，由立柱和主轴箱沿 X、Y、Z 轴方向移动。与立式加工中心比结构复杂，占地面积大，而且造价高。

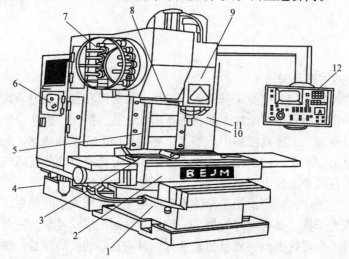

图 4-1　JCS—018 型立式镗铣加工中心

1—床身　2—滑座　3—工作台　4—润滑油箱　5—立柱　6—数控柜　7—圆盘形刀库
8—机械手　9—主轴箱　10—主轴　11—驱动电柜　12—操作面板

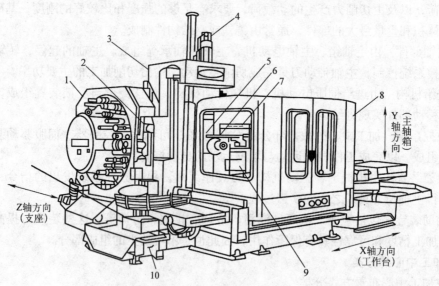

图 4-2　XH754 型卧式加工中心

1—刀库　2—换刀装置　3—支座　4—Y 轴伺服电动机　5—主轴箱　6—主轴
7—数控装置　8—防溅挡板　9—回转工作台　10—切屑槽

（3）龙门式加工中心：布置与龙门铣床相似，主轴多为垂直配置状态（见图 4-3）。有自动换刀装置及可更换的主轴头附件，数控装置的软件功能比较完备，能够实现多种用途，适用于大型或形状复杂的工件加工，如船舶内燃机体或大型汽轮机零件的加工。

（4）万能加工中心（复合加工中心）：具有立式和卧式加工中心的复合功能，工件在一次性安装中，能够完成除安装外所有面的加工。万能加工中心可由主轴立、卧转换，也可由工作台带动工件旋转90°，以完成对工件五个表面的加工。

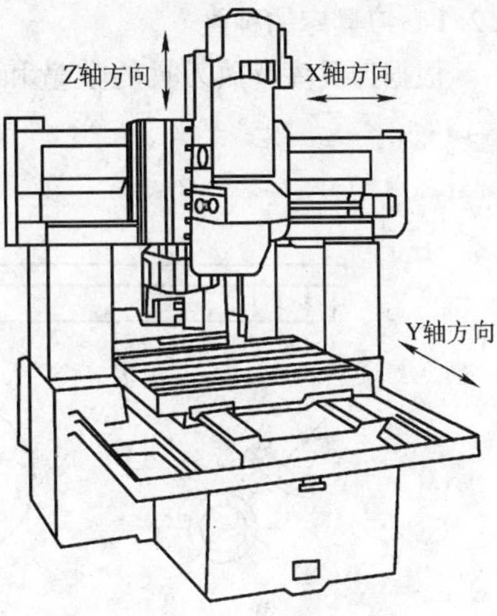

MAHO 公司的两轴数控转台（见图4-4），除了可绕水平轴回转外，还可绕垂直轴作 360°回转。MAOH 公司的可倾斜转台（见图4-5），既可以绕垂直轴作 360°回转，也可以绕水平轴摆动。复合加工中心主要适用于复杂外观、复杂曲线的小型工件加工，如船用螺旋桨叶片及各种复杂模具加工。由于万能加工中心结构复杂，占地面积大，而且造价高，在使用上远不如其它类型的加工中心广泛。

图 4-3　龙门式加工中心

2. 按加工中心的换刀分类

（1）有机械手、刀具库的加工中心：加工中心的换刀装置（ATC）由机械手、刀具库组成，用机械手自动换刀，这是加工中心最普遍的一种形式。例如：JCS—018 型立式加工中心采用的换刀方式。

（2）无机械手的加工中心：加工中心换刀是通过刀具库和主轴箱的相对移动配合完成。刀具库的刀具存放位置和方向，与主轴安装刀具位置和方向一致。在换刀时，主轴箱运动到刀具库的换刀位置，由主轴直接取走或放回刀具。例如：XH754 型卧式加工中心采用的换刀方式。

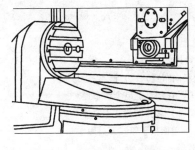

图 4-4　MAHO 公司的数控转台

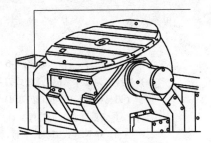

图 4-5　MAHO 公司的可倾斜转台

（3）转塔刀具库式加工中心：小型立式加工中心多采用转塔刀具库式，这种类型的刀具库钻削加工中心用得较多。例如：ZH5120 型立式钻削加工中心采用的换刀方式。

3. 按加工中心的功用分类

（1）镗铣削加工中心：主要用于镗孔、铣削、钻孔、扩孔、铰孔、攻螺纹加工，特别适合于加工箱体类及形状复杂、工序要求集中的零件。一般将此类机床简称为加工中心。

（2）钻削加工中心：主要用于钻孔、扩孔、铰孔、攻螺纹加工，也可以进行小面积的端面铣削加工。

（3）车削加工中心：除了对轴类零件进行加工，还能够进行铣削加工（如端面槽、螺旋槽、键槽、扁方面等）、钻削加工（如端面孔、斜孔、横向孔等）。

## 4.2 自动换刀装置

### 4.2.1 刀具库的种类

根据刀具库存放刀具的数量和取刀方式不同，刀具库可设计成不同类型，如图 4-6 所示。

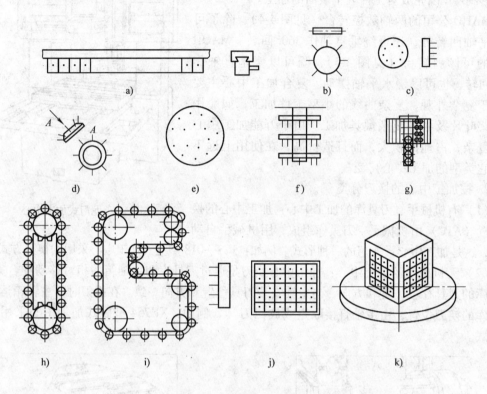

图 4-6 各种形式的刀具库

a）直线式刀具库 b）圆盘式刀具库（刀具在圆盘径向布置） c）圆盘式刀具库
（刀具在圆盘轴向布置） d）圆盘式刀具库（刀具在圆盘上呈伞状布置）
e）多圈圆盘式刀具库 f）多层圆盘式刀具库 g）多排圆盘式刀具库
h）单排链式刀具库 i）加长链式刀具库 j）单面格子箱式刀具库
k）多面格子箱式刀具库

1. 直线式刀具库 在刀具库中的刀具直线排列，存放刀具数量 8 ~ 12 把，特点是结构简单，但较少使用（见图 4-6a）。

2. 圆盘式刀具库 在刀具库中的刀具沿圆盘径向和轴向排列，存放刀具数量由 6 ~ 8 把到（50 ~ 60）把不等，有多种形式的刀具库。

1）刀具在圆盘径向布置，占用空间比较大，一般置于机床立柱上端（见图 4-6b）。

2）刀具在圆盘轴向布置，刀具库转轴可垂直或水平布置，常置于机床主轴侧面，使用比较多（见图 4-6c）。

3）刀具在圆盘上呈伞状布置，多斜放于机床立柱上端（见图 4-6d）。

4）多圈圆盘式刀具库（见图 4-6e）。

5）多层圆盘式刀具库（见图 4-6f）。

6）多排圆盘式刀具库（见图4-6g）。

上述前三种圆盘式刀具库比较常用，特点是结构简单存刀量有限，当存刀量过多时结构尺寸大，与机床布置不够协调。为进一步扩充存刀量，可用后三种圆盘式刀具库，因其结构相对笨重和使用不够便捷的问题，后三种刀库形式使用较少。

3. 链式刀具库　这是一种最为常用的刀具库。将刀具柄座固定在链节上，单排链式刀具库（见图4-6h），一般存刀量小于30把，少数可达60把。若要进一步增加存刀量，可使用加长链式刀具库（见图4-6i），链式刀具库的使用如图4-7所示。

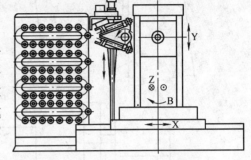

图4-7　链式刀具库

4. 格子箱式刀具库　这种刀具库的容量比较大，可用整箱刀具供机床交换使用。为了减少换刀的辅助时间，机械手利用前一把刀具切削加工时间，预先从刀具库取出需要更换的刀具，即在切削加工的重叠时间里，从刀具库取出刀具或送回刀具。单面格子箱式刀具库如图4-6j所示，多面格子箱式刀具库如图4-6k所示。

### 4.2.2　常见的换刀方式

1. 无机械手换刀方式　利用刀具库和机床主轴的相对运动进行换刀。首先是将用过的刀具送回刀具库，然后再从刀具库中取出需要的刀具，因送回和取出刀具需要顺序进行，所以换刀辅助时间长。立式和卧式加工中心无机械手换刀如图4-8和图4-9所示。

卧式加工中心无机械手换刀过程由数控系统发出换刀指令，机床主轴上移至圆盘式刀具库存刀位，刀具库夹持好刀具向右前移，从主轴拔出用过的刀具；刀具库前移到位后回转，将指定的待用刀具送到主轴线位置，刀具库向左退回，将待用刀具插入主轴安装锥孔，主轴下移至切削加工位置，换刀过程完毕。

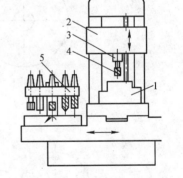

图4-8　立式加工中心无机械手换刀
1—工件　2—主轴箱　3—主轴
4—刀具　5—刀具库

2. 机械手换刀方式　当主轴上的刀具完成切削加工后，机械手将其从主轴上取下送到刀具库，同时从刀具库取出下一把刀具安装在主轴上，机械手要迅速可靠且准确协调。加工中心因主轴与刀库的相对位置不同，所使用的换刀机械手也不一样，常用的有单臂机械手和双臂机械手两种形式。

双刀库单臂型机械手如图4-10所示。为机床主轴配置两个刀具库和两个单臂机械手，因而机械手的工作行程大为缩短，可以有效地节省换刀辅助时间，由于刀具库是分为两处进行设置，故而使机床的整体布局较为合理。

常用的双臂型机械手如图4-11所示，有钩型机械手，抱型机械手，伸缩型机械手，插型机械手，这些机械手均能够完成抓刀→拔刀→回转→插刀→返回等换刀动作，机械手的活动爪都有自锁功能，以防止刀具在更换过程中脱落。由于双臂回转机械手动作比较简单，能够同时装卸和抓取机床主轴和刀具库中的刀具，因此换刀辅助时间比较短。

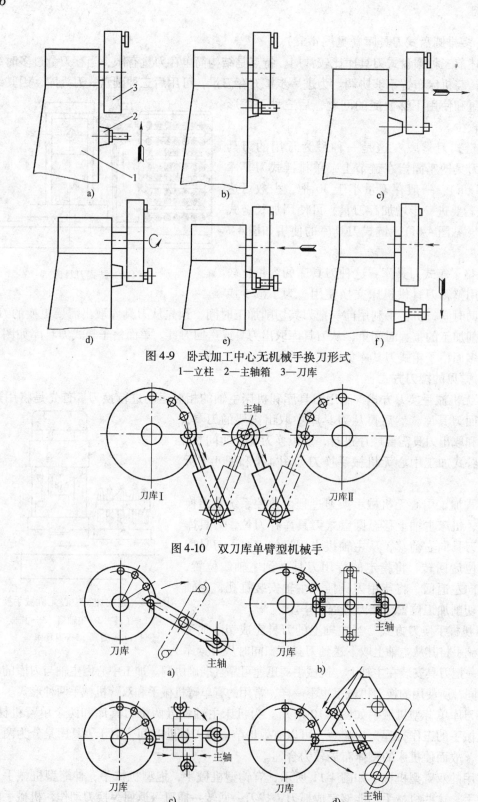

图 4-9 卧式加工中心无机械手换刀形式

1—立柱　2—主轴箱　3—刀库

图 4-10 双刀库单臂型机械手

图 4-11 常用的双臂型机械手

a) 钩型机械手　b) 抱型机械手　c) 伸缩型机械手　d) 插型机械手

3. 转塔式自动换刀　在转塔刀架上为每把刀具配置主轴头（见图4-12）。转塔式自动换刀装置上装有8把刀具，主轴头处于加工位置时才能接通切削运动，加工完毕后的刀具主轴头自动脱开传动链，根据指令转塔将需要的刀具送到加工位置，完成自动换刀进入到下一个切削加工循环。这种自动换刀装置结构简单，换刀时间短且可靠程度高，适用于工序不多及精度不高的零件加工。由于刀具库是安装在机床立柱上，故切削过程中的刚性较差，受到机床空间位置限制，刀具的存储量比较少。

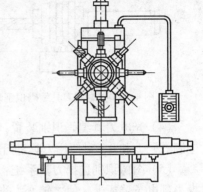

### 4.2.3　刀具的选择方式

根据数控装置发出的换刀指令，刀具交换装置从刀具库挑选各工序所需刀具的操作称为自动选刀。自动选择刀具的方法主要有以下四种：

图4-12　转塔式刀具库换刀

1. 刀具顺序选择　就是按加工工序安排顺序，将相应刀具依次放入刀具库，在换刀时按顺序从刀具库取用刀具，将使用过的刀具放回原位，也可按顺序放入下一个刀座中。这种刀具库不用进行刀具识别，驱动控制较为简单，直接由刀具库分度实现，具有结构简单和可靠性高等优点。因刀具不能在不同工序重复使用，故降低了刀具库容量的利用率，而且刀具是由人工进行排序，如果顺序出现差错，将会造成加工质量或设备事故。

2. 刀具编码选择　在刀柄上装编码环对刀具进行编码，按照换刀指令代码，通过编码识别装置，可从刀具库找出所需要的刀具。由于刀具都有固定的编码，可以放入刀具库的任意刀座，能够在不同的工序中重复使用，使刀具库容量的利用率得到提高，同时免除了人工排列刀具工作，可以完全避免刀具顺序差错引起的事故。

（1）编码刀柄结构（见图4-13）：在刀柄尾部拉紧螺杆1的上面，由锁紧螺母2固定一组等厚编码环3，编码环有两种不同的外径尺寸，分别表示二进制数码1和0，用两种不同外径的编码环进行排列，以表示不同刀具的代码，如图所示的7个编码环，能够组成127个刀具代码。通常不允许使用全为0的刀具代码，以避免与空刀座状况相混淆。为了方便操作者记忆与识别，可以采用2~8进制刀具编码。

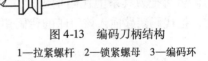

图4-13　编码刀柄结构
1—拉紧螺杆　2—锁紧螺母　3—编码环

（2）接触式刀具编码识别装置（见图4-14）：刀具库的刀具依次通过编码识别装置，刀具编码大环与编码识别触头接触，继电器通电（数码为1），刀具编码小环与编码识别触头不接触，继电器不通电（数码为0）。当识别装置读到与编程一致的刀具编码，发出选择刀具停止信号，由机械手在刀具库中取刀。接触式刀具编码识别装置，其优点是结构简单，缺点是触头容易磨损，可靠性比较差，难以快速选择刀具。

（3）非接触式磁性刀具编码认别装置（见图4-15）：编码环用直径相等的导磁材料（如软钢）和非导磁材料（如黄铜、塑料）制成，分别表示二进制数码1和0，识别装置由一组感应线圈组成。当刀具库中的刀具通过识别装置时，对应导磁编码环的线圈感应高电位（数码为1），对应非导磁编码环的线圈感应低电位（数码为0），经过识别选出所需刀具。

磁性刀具编码识别装置，没有机械性接触和磨损，因此可以实现快速选刀，而且结构简单、工作可靠、寿命长、无噪声。

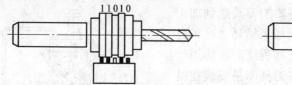 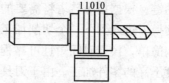 

图 4-14　接触式刀具编码识别装置　　　　图 4-15　非接触式磁性刀具编码识别装置

（4）光电刀具编码识别装置：在刀柄的磨光部位，用涂黑和不涂黑的方法，分别表示二进制数码 1 和 0，对使用刀具进行编码，用光电装置进行识别。

（5）图像识别选择刀具系统：应用图像识别技术，可直接对刀具进行识别。将刀具形状投影到电子屏板上，使之转变为光电信号，或用摄像机将刀具形状转变为光电信号，经过处理后存入记忆贮存器。在选择刀具时，将所需要的刀具图形与储存图形比对，选择比对一致的刀具停留在换刀位置。图像识别选刀系统价格昂贵，因此没有得到广泛使用。

3. 刀座编码选择　对刀具库的刀座进行编码，相应的刀具编号后放入刀座，根据刀座编码选取刀具。刀座编码与刀具编码的识别原理相同，因为取消了刀柄上的编码环，使刀柄的结构大为简化，而且识别装置不受限制，可设置在更为合理的方位。刀座编码中的同一把刀具可以重复使用，用过的刀具必须放回原刀座，这就增加了刀具库的动作量。

刀座分永久性和临时性两种编码方式。永久性编码是在刀座侧面安装编码块，而且其编码固定不变。圆盘形刀具库的刀座编码装置（见图 4-16），在圆盘周向均布若干个刀座，并装有相应的刀座编码块 1，刀具库下方装有刀座识别装置，刀具库转动使刀座（刀具）通过识别装置，当选中时停止转动，由机械手取出刀具。

临时性编码，也称作钥匙编码，采用一种专用代码钥匙（见图 4-17a），在刀座旁设有代码钥匙孔（见图 4-17b）。将每把刀具系上代码钥匙，在刀具放入任意一个刀座时，把代码钥匙插入该刀座的代码钥匙孔，即为这把刀具及其刀座编上了代码。

图 4-16　永久性刀座编码选刀装置
1—编码块　2—刀座识别装置

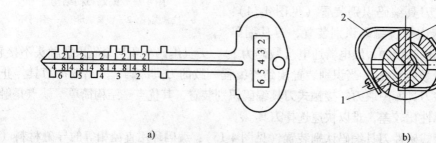

图 4-17　钥匙编码
a）专用代码钥匙　b）代码钥匙孔
1—钥匙　2、5—接触片　3—钥匙齿　4—钥匙孔座

代码钥匙编码原理（见图 4-17b）。将代码钥匙 1 水平插入钥匙孔座 4，然后沿顺时针方向转 90°，代码钥匙齿 3 将接触片 2 撑起，表示代码 1，代码钥匙无齿部分的接触片 5 保持原状，表示代码 0。刀具库的数码读取装置，由两排呈 80° 分布的电刷组成，当刀库转动时，两组接触片依次通过电刷，发送刀座代码信号，用以搜索指令的刀具。这种方式灵活性好，在刀具装入刀库时，不容易发生人为的差错。当同时从刀座中取出刀具和代码钥匙，刀座的编码随之消失。钥匙编码的缺点是必须把用过的刀具放回原刀座。

4. 刀具任意选择　用计算机软件代替编码环选择刀具，通过软件控制主轴与刀库之间刀具的交换，以实现随机任意选刀及其换刀。主轴上的刀具号与刀库中的刀具号，均记忆在计算机（或可编程序控制器）存储单元里，无论刀具放在哪个地址，始终都能进行跟踪。用计算机建模拟刀库数据表，将设置数据与刀库的刀座位置数和刀具号相对应。用计算机软件选刀手段，可消除由于识别装置的稳定性、可靠性问题引起的选刀失误。

（1）自动换刀控制和刀号数据表（见图 4-18a）：刀库有 8 个刀座，可存放 8 把刀具。刀座固定位置编号为方框内 1~8 号，主轴刀位号为方框内 0 号，刀具编号可以任意设定，如图中括号内编号（11）~（18），如果已经为某把刀具编号，这个编号就不应随意改变。为了运用上的方便，刀具号也可采用 BCD 码编写。

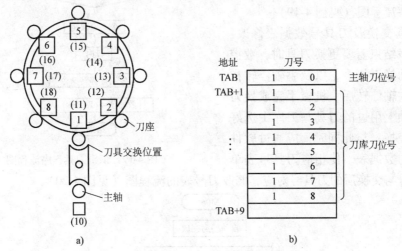

图 4-18　随机选刀、换刀

a）自动换刀控制和刀具号数据表　b）计算机建立模拟刀库的刀具号数据表

用计算机建立模拟刀库的刀具号数据表（见图 4-18b）数据表的序号与刀库的刀具编号相对应，每个表序号中的内容就是对应刀座中所插入的刀具号。图中刀具号表首地址 TAB 单元固定存放主轴上刀具的号数，TAB + 1 ~ TAB + 8 存放刀库上的刀具号。由于刀具数据表实际上是刀库中存放刀具位置的一种映象，所以刀具号表与刀库中刀具的位置应始终保持一致。

（2）刀具的识别：虽然刀具不附带任何编码装置，而且采取任意换刀方式，即刀具在刀库中不是顺序存放的，但是，由于计算机内部设置的刀具号数据表，始终与刀具在刀库中的实际位置相对应，所以对刀具的认别实质转变为对刀库刀座位置的认别。当刀库旋转时，每个刀座通过换刀位置（基准位置）时，产生一个脉冲信号送至计算机，作为计数脉冲。

同时，在计算机内设置一个刀库位置计数，当刀库正转时，每发出一个计数脉冲，该计数器递增计数；当刀库反转时，每发一个计数脉冲，则计数器递减计数。于是计数器的计数值始终在 1 ~ 8 之间循环，而通过换刀位置时的计数值（当前值），总是指定刀库的现在位置。

当控制刀库的计算机接到换刀指令后，先在模拟刀库的刀具号数据表中进行数据检索，检索到换刀指令代码给定的刀具号。将该刀具号所在数据表中的表序号数存放在一个缓冲存储单元中，这个表序号数就是新刀具在刀库中的目标位置。刀库旋转后，测得刀库的实际位置与要求的刀库目标位置一致时，即识别了所要寻找的新刀具，刀库定位停转，等待换刀。识别刀具的程序流程图（见图 4-19）。

（3）刀具交换及刀具号数据表修改：当前一道工序结束需要更换刀具时，数控装置发出自动换刀指令，以及主轴停转指令 M05。在主轴停转后，机械手完成换刀动作，将主轴上用过的刀具与刀库中选好的刀具进行交换。与此同时，应通过软件修改刀具号的数据表，使相应刀具号表单元中的刀具号与交换后的刀具号对应，修改刀号表的流程图（见图 4-20）。

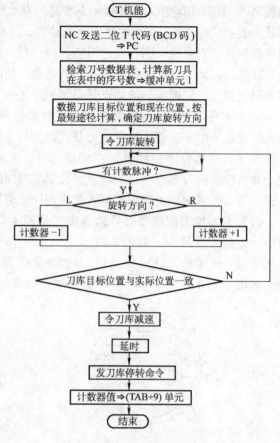

图 4-19 识别刀具程序流程图

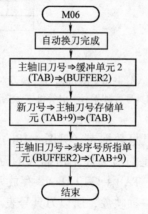

图 4-20 刀具号数据表的修改

## 4.3 JCS—018A 型立式加工中心

### 4.3.1 机床功能与特点

JCS—108A 型立式加工中心如图 4-21 所示。工件在一次性装夹中，可连续完成铣、钻、镗、饺、锪、攻螺纹等多道加工工序。该机床适用于小型板类、盘类、壳体、模具和箱体类等多品种、小批量的复杂零件加工。

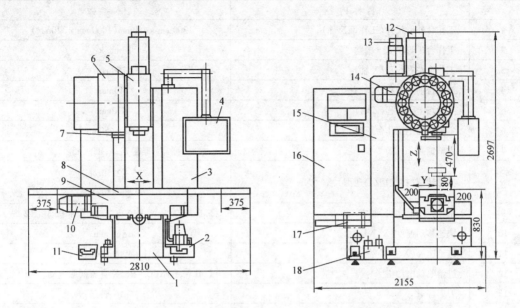

图 4-21　JCS—18 型立式加工中心组成图
1—床身　2—冷却液箱　3—电器柜　4—操纵面板　5—主轴箱　6—刀具库　7—机械手
8—工作台　9—滑座　10—X 轴伺服电动机　11—切屑箱　12—主轴电动机
13—Z 轴伺服电动机　14—刀库电动机　15—立柱　16—数控柜
17—Y 轴伺服电动机　18—润滑油箱

JCS—018A 型立式加工中心的床身 1、立柱 15 为基础部件，主轴电动机 12 经主轴箱 5 传动主轴，实现主运动。伺服电动机 10、17 经各自的滚珠丝杠螺母副，传动工作台 8、滑座 9，实现 X、Y 轴方向进给运动，伺服电动机 13 经滚珠丝杠螺母副，传动主轴箱 5，实现 Z 轴方向进给运动。立柱左上侧的圆盘形刀具库 6 可容纳 16 把刀，由机械手 7 自动换刀。立柱的左后部为数控柜 16，左下侧为润滑油箱 18。

JCS—018A 型立式加工中心具有如下特点：

（1）可进行强力切削：机床主轴电动机变速范围中的恒功率范围宽，低转速转矩大，机床主要构件刚度高，可进行强力切削。

（2）可完成高速定位：由直流伺服电动机、联轴器、滚珠丝杠带动，工作台沿 X、Y 轴方向移动，移动速度可达 14m/min，主轴箱沿 Z 轴方向移动，速度可达 10m/min，机床定位精度为 0.006 ~ 0.015mm/30mm。

（3）用随机换刀方式：随机换刀由数控系统管理，刀具和刀座上不设固定编号，换刀由机械手执行，结构简单、可靠性好。

（4）主轴的结构功能：主轴准停，刀杆自动夹紧松开，刀柄切屑自动清除，是机床实现自动换刀的结构保证。

（5）辅助功能自动化：具有自动排屑、自动润滑、自动诊断和自动报警功能等。

## 4.3.2 机床主要技术参数（见表4-1）

### 表4-1 JCS—018A型立式加工中心技术参数

| 序 号 | 名 称 内 容 | 技 术 参 数 |
|---|---|---|
| 1 | 工作台外形尺寸（工作面尺寸） | 1200mm×450mm（1000mm×320mm） |
| 2 | 工作台T形槽宽×槽数 | 18mm×3 |
| 3 | 工作台左右行程（X轴） | 750mm |
| 4 | 工作台前后行程（Y轴） | 40mm |
| 5 | 主轴箱上下行程（Z轴） | 470mm |
| 6 | 主轴端面距工作台距离 | 180~650mm |
| 7 | 主轴锥孔 | 锥度7:24,BT—45 |
| 8 | 主轴转速（标准型/高速型） | 225~2250r/min<br>45~4500r/min |
| 9 | 主轴驱动电动机（额定/30min） | 5.5kW/7.5kW,FANUC交流主轴电动机12型 |
| 10 | 快速移动速度（X、Y轴） | 14m/min |
| 11 | 进给速度（X、Y、Z轴） | 1~4000mm/min |
| 12 | 进给驱动电动机 | 1.4kW,FANUC—BESK直流伺服电动机15型 |
| 13 | 刀库容量 | 16把 |
| 14 | 选刀方式 | 任选 |
| 15 | 最大刀具尺寸 | $\phi10×300mm$ |
| 16 | 最大刀具重量 | 10kg |
| 17 | 刀库电动机 | 1.4kW,FANUC—BESK直流伺服电动机15型 |
| 18 | 定位精度 | ±0.012/300mm |
| 19 | 重复定位精度 | ±0.006mm |
| 20 | 工作台允许负载（重量） | 500kg |
| 21 | 滚珠丝杠尺寸（X、Y、Z轴） | $\phi40mm×10mm$ |
| 22 | 钻孔能力（一次钻出） | $\phi32mm$ |
| 23 | 攻螺纹能力 | M24mm |
| 24 | 铣削能力 | $100cm^3/min$ |
| 25 | 气源 | 49~68.6Pa（250L/min） |
| 26 | 机床重量 | 4.5t |
| 27 | 占地面积 | 3500mm×3060mm |
| 28 | 数控装置 | （FANUC—BESK 7CM CNC系统） |
| 29 | 控制轴数 | 3轴 |
| 30 | 同时控制轴数 | （X、Y,Y、Z,Z、X）或3轴 |
| 31 | 轨迹控制方式 | 直线/圆弧方式或空间直线/螺旋方式 |
| 32 | 纸带代码 | EIA/ISO |
| 33 | 程序格式 | 写地址式可变程序段 |
| 34 | 脉冲当量 | 0.001mm/脉冲 |
| 35 | 最大指令值 | ±99999.999mm或±9999.9999in |
| 36 | 纸带存储和编辑 | 30m纸带信息（12KB） |

### 4.3.3 机床的传动系统

JCS—018A 型立式加工中心传动系统（见图 4-22）。包括主运动传动链，以及纵向、横向、垂向进给传动链，刀库的旋转运动传动链，分别实现主轴旋转主运动，工作台纵向、横向进给运动，主轴箱升降进给运动，以及选择刀具时的刀库旋转运动。

1. 主运动传动系统 主运动由交流变频调速电动机驱动，连续输出额定功率为 5.5kW，最大功率为 7.5kW，但工作时间不得超过 30min，称为 30min 过载功率。电动机用改变电源频率无级调速，额定转速为 1500r/min，最高转速为 4500r/min，电动机在此范围内为恒功率调速。从最高转速开始，随着转速下降，最大输出转矩增加，保持最大输出功率为额定功率不变（见图 4-23）。最低转速为 45r/min，从额定转速至最低转速，为恒转矩调速。电动机最大输出转矩，维持为额定转速时转矩不变，不随转速下降而上升。到最低转速时，最大输出功率仅为 7.5（或 5.5）× 45/1500kW = 0.025（或 0.165）kW。

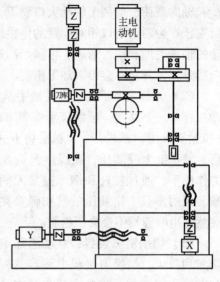

图 4-22 JCS—018A 型立式加工中心
传动系统图

主轴由带轮副（$\phi$183.6mm/$\phi$183.6mm）传动时，转速为 45 ~ 1500 ~ 4500r/min，由带轮副（$\phi$119mm/$\phi$239mm）传动时，转速为 22.5 ~ 750 ~ 2250r/min，均为无级调速。转速的 3 个数字分别为最低转速、额定转速和最高转速。

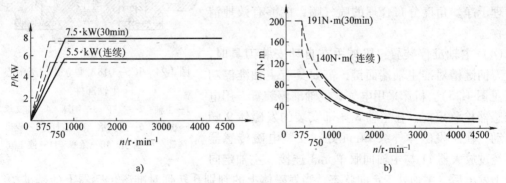

图 4-23 功率转矩特性
a）恒功率调速特性曲线　b）恒转矩调速特性曲线

2. 进给传动系统 在 X、Y、Z 轴各有一套进给传动伺服系统。脉宽调速直流伺服电动机功率为 1.4kW，直接传动滚珠丝杠螺母副，并能实现无级调速。三个轴的进给速度均为 1 ~ 400mm/min。X、Y 轴快速移动速度为 15m/min，Z 轴快速移动速度为 10m/min。由数控指令通过计算机分别控制三个伺服电动机，可以实现任意两轴间的联动。

3. 刀具库驱动系统 圆盘形刀具库也用直流伺服电动机经蜗杆蜗轮驱动，装在标准刀柄上的刀具，置于圆盘的周边。当需要换刀时，刀具库旋转到指定位置准停，由机械手换刀。

#### 4.3.4 机床部件与机构

1. 主轴部件（见图4-24）

（1）主轴部件结构：主轴1的前支承4为三个高精度角接触球轴承，可以承受径向载荷和轴向载荷，前两个轴承大口朝下，后一个轴承大口朝上，轴承的预紧力由螺母5调整。后支承6为两个小口相对配置的角接触球轴承，因轴承外圈未定位，只能承受径向载荷。主轴的轴承类型和配置形式，可满足高速旋转需要，能够承受较大轴向载荷，主轴受热变形可向后延伸，并且不会影响加工精度。

（2）刀具夹紧机构：当机械手从主轴上拔出刀具时，液压缸11上腔加压，活塞10推动拉杆7向下移动，压缩碟形弹簧8，钢球3进入主轴锥孔上端的槽内，刀柄尾部拉钉2（拉紧刀具用）被松开。机械手将下一把刀具插入主轴后，液压缸上腔卸压，在碟形弹簧8和弹簧9的恢复力作用下，通过拉杆和钢球拉紧刀柄尾部的拉钉，夹紧装入的刀具。用液压放松和弹簧夹紧刀柄，可保证突然停电时刀柄不会自行松脱。

（3）切削清除装置：自动清除主轴刀具安装孔的切屑和灰尘，是换刀过程中不容忽视的问题。如果主轴安装孔有切屑、灰尘或其它污物，会使刀具安装发生偏斜，直接影响加工精度，甚至造成加工零件报废，还会造成主轴锥孔或刀杆锥柄被划伤。为了保持主轴安装孔的清洁，当活塞向下移动时，压缩空气经过活塞和拉杆中心孔，从喷嘴喷出高压气流，将主轴安装孔清理干净。角度分布合理的喷气嘴，能够有效地清除异物。

（4）主轴准停装置：机械手在自动安装刀具时，要使刀柄键槽对准主轴端面键，需要具有主轴准停功能（见图4-25）。机床采用电气式主轴准停装置，用电磁传感器检测定向。在主轴8尾部安装的发磁体9随同转动，在距发磁体外缘14mn处，安装电磁传感器10，经过放大器11与主轴伺服单元3连接。主轴定向指令1发出后，主轴处于定向状态，当发磁体上的判别孔转到对准磁传感器上的基准槽时，主轴立即停止。

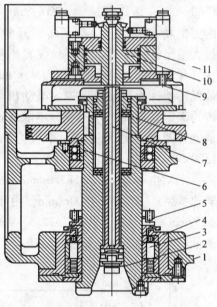

图4-24 JCS—018A型立式加工中心主轴部件

1—主轴 2—拉钉 3—钢球 4—前支承 5—螺母 6—后支承 7—拉杆 8—碟形弹簧 9—弹簧 10—活塞 11—液压缸

2. 自动换刀装置

（1）自动换刀过程：自动换刀装置的刀库回转，由直流伺服电动机经蜗杆副驱动，机械手回转、取刀和装刀由液压系统驱动。装置用记忆式任选换刀方式，在每次选刀过程中，刀具库正转或反转均不超过180°角。刀具库刀具、主轴刀具和机械手相互关系如图4-26所示。当上道工序加工完毕，主轴处于准停位置，开始自动换刀过程：

1）刀套下转90°。刀库位于立柱左侧，刀库中刀具方向与主轴垂直，换刀时刀具库2将待换刀具5输送到换刀位置，刀套4带着刀具5向下翻转90°，使刀具与主轴轴线平行。

2）机械手转75°。（见K向视图）机械手1原始位置与主轴到换刀位置连线成75°，机械手换刀的第一个动作是顺时针转75°，分别抓住换刀位置的刀柄和主轴上的刀柄。

3）松开刀具柄。机械手抓住主轴上的刀柄后，主轴上的自动夹紧机构松开刀具的刀柄。

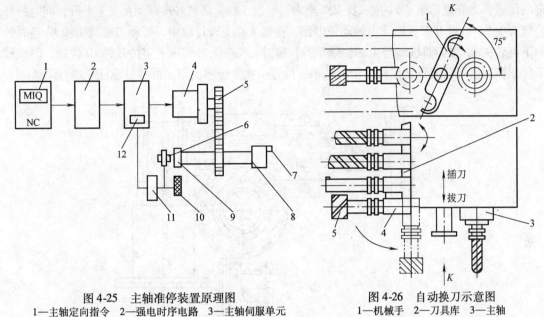

图 4-25  主轴准停装置原理图
1—主轴定向指令  2—强电时序电路  3—主轴伺服单元
4—主轴电动机  5—同步齿形带  6—位置控制回路
7—主轴端面键  8—主轴  9—发磁体  10—电磁
传感器  11—放大器  12—定向电路

图 4-26  自动换刀示意图
1—机械手  2—刀具库  3—主轴
4—刀套  5—待换刀具

4）机械手拔刀。机械手下降，同时拔出换刀位置和主轴上两把刀具。

5）交换刀具位置。机械手抓着两把刀具逆时针转180°（从 K 向观察），使主轴刀具与换刀位置的刀具进行交换。

6）机械手插刀。机械手上升，分别把刀具插入主轴锥孔和换刀位置的刀套中。

7）夹紧刀具柄。刀具插入主轴锥孔后，刀具的自动夹紧机构夹紧刀具柄。

8）液压缸复位。驱动机械手逆时针转180°的液压缸复位，机械手无动作。

9）机械手逆转75°。机械手逆转75°，恢复到原始位置。

10）刀套上转90°。刀套带着刀具向上翻转90°，为下一次选刀作准备。

整个完整的换刀过程。换刀流程如图4-27所示。

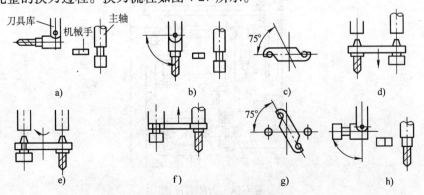

图 4-27  自动换刀流程图
a）、b）刀套下转90°  c）机械手转75°  d）机械手拔刀  e）交换刀具位置
f）机械手插刀  g）机械手逆转75°  h）刀套上转90°

（2）刀具库机构：盘式刀具库（见图4-28）。由直流伺服电动机1，经过十字联轴器2、蜗杆4、蜗轮3，驱动刀盘14，由刀盘带动16个刀套13转动，以选择指令刀具。在刀具被选定的位置，刀套尾部滚子11进入拨叉7槽内，气缸5通过活塞杆6带动拨叉7上升，同时松开位置开关9，以断开刀具库、主轴动作电路。拨叉7在上升过程中，带动刀套绕销轴12逆时针向下翻转90°，使刀具轴线与主轴轴线平行，这时拨叉7上升到压下定位开关10位置，向机械手发出抓刀信号。刀具轴线相对于主轴轴线位置由拨叉行程决定，可通过螺杆8进行调整。

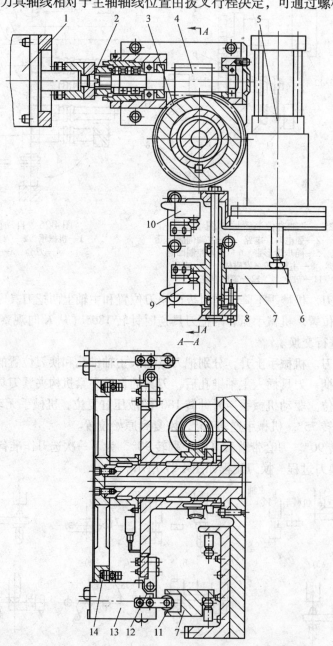

图4-28 刀库装配图

1—直流伺服电动机 2—十字联轴器 3—蜗轮 4—蜗杆 5—气缸 6—活塞杆 7—拨叉
8—螺杆 9—位置开关 10—定位开关 11—滚子 12—销轴 13—刀套 14—刀盘

刀套机构（见图 4-29）。在 *F—F* 剖视图中的 7 即为图 4-28b 中的滚子 11，*E—E* 剖视图中的 6 即为图 4-28b 图中的销轴 12。在刀套 4 的锥孔尾部有两个球头销钉 3，螺纹套 2 与球头销之间装有弹簧 1，当刀具插入刀套后，由弹簧力夹紧刀柄，夹紧力大小可拧动螺纹套进行调整。当刀套在刀库中处于水平位置时，靠刀套上部的滚子 5 来支承。

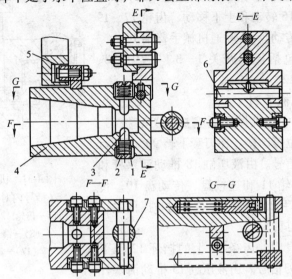

图 4-29　刀套装配图

1—弹簧　2—螺纹套　3—球头销钉　4—刀套　5、7—滚子　6—销轴

（3）机械手机构：回转式单臂双爪机械手（见图 4-30、图 4-31），由液压缸进行驱动，通过机械传动实现自动换刀。机构组成与自动换刀过程如下：

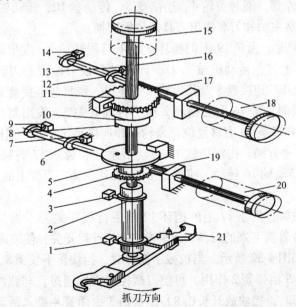

图 4-30　机械手传动机构示意图（括号内对应图 4-31 标号）

1、3、7、9、13、14—行程开关　2、6、12—挡环　4、11（1）—齿轮　5—连接盘　8（6）—销子
10（5）—传动盘　15、18、20—液压缸　16（2）—轴　17（7）、19—齿条　21—机械手

1）驱动装置。液压缸 15 用于拔刀和装刀；液压缸 18 使机械手作 75°回转，用于抓住主轴上和换刀位置刀套上的刀具；液压缸 20 使机械手作 180°回转，进行刀具位置交换。

2）传动机构。包括齿轮 4、11，齿条 17、19，连接盘 5，传动盘 10，轴 16。其中的传动盘 10 与轴 16 为花键连接，能随轴 16 转动和上下移动，齿轮 17、19 和连接盘 5 都是通过传动盘 10 联通机械手臂轴 16。

3）行程控制。包括行程开关 1、3、7、9、13、14，以及挡环 2、6、12。

4）执行机构。机械手 21。

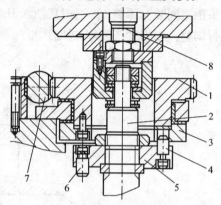

图 4-31　机械手局部装配图
（括号内对应图 4-30 标号）
1（11）—齿轮　2（16）—轴　3—连接盘
4、6（8）—销子　5（10）—传动盘
7（17）—齿条　8—活塞杆

在自动换刀过程中，机械手要完成抓刀、拔刀、刀具换位、插刀、复位等动作。在刀套下转 90°压下行程开关时，发出抓刀信号。由液压缸 18 推动活塞杆和齿条 17 左移，通过齿轮 11 和连接盘、传动盘 10，传动轴 16 转动，使机械手 21 作 75°转动，同时抓住主轴和换刀位置刀套上的刀具。

当机械手抓住刀具时，齿条 17 上的挡环 12 压下行程开关 14，发出拔刀信号。由液压缸 15 推动活塞杆及轴 16 下降，传动机械手 21，拔出主轴上和刀套上的刀具。传动盘 10 随同轴 16 下降，脱开与连接盘及其齿轮 11 的连接，将其下端的销子 8，插入连接盘 5 上的销孔中，实现与连接盘 5 及其齿轮 4 的连接。

当机械手拔出刀具时，轴 16 上的挡环 2 压下行程开关 1，发出换刀信号。由液压缸 20 推动活塞杆和齿条 19 左移，通过齿轮 4、连接盘 5、传动盘 10，传动轴 16 转动，使机械手 21 作 180°回转，进行从主轴和刀套拔出刀具的位置交换。

当机械手转过 180°时，齿条 19 上的挡环 6 压下行程开关 9，发出插刀信号。由液压缸 15 带动活塞杆及轴 16 上升，传动机械手 21，向主轴和换刀位置的刀套插入刀具。传动盘 10 随同轴 16 上升，脱开与连接盘 5 及其齿轮 4 的连接，恢复与连接盘及其齿轮 11 的连接。

当机械手插入刀具时，轴 16 上的挡环 2 压下行程开关 3，发出复位信号。一方面，由液压缸 20 带动活塞杆和齿条 19 右移复位，齿轮 4 和连接盘 5 空转，当挡环 6 压下行程开关 7 时完成刀具插入。另一方面，由液压缸 18 带动活塞杆和齿条 17 右移，通过齿轮 11 及其连接盘和传动盘 10，传动轴 16 转动，使机械手 21 脱开主轴和刀套上的刀具，并作 75°回转复位。

当机械手完成复位时，齿条 17 上的挡环 12 压下行程开关 13，发出换刀完成信号。这时换刀位置的刀套，带着换下来的刀具，上转 90°松开行程开关，使刀库恢复到初始状态。

机械手抓刀机构如图 4-32 所示。当机械手抓刀时，挡块压下长销 8，顶出活动销 5 长槽中的锁紧销 3，活动销 5 由弹簧 2 作用，可使刀柄径向柔性通过，与此同时，锥销 6 插入刀柄键槽。当机械手拔刀时，挡块放开长销 8，锁紧销 3 由弹簧 4 推入活动销 5 的长槽中，锁定活动销 5 顶住刀柄，以保证机械手回转 180°时，刀具不从手爪 7 中脱落。当机械手插刀时，挡块压下长销 8，顶出活动销 5 长槽中的锁紧销 3，活动销 5 恢复柔性，松开锁紧的刀柄，机械手脱开抓刀，手臂 1 作 75°回转复位。

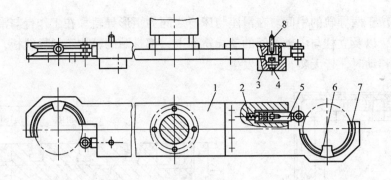

图 4-32　机械手臂及其手爪

1—手臂　2、4—弹簧　3—锁紧销　5—活动销　6—锥销　7—手爪　8—长销

**3. 机床进给机构**　加工中心有纵向、横向、垂向三套形式相同的进给机构，分别用滚珠丝杠螺母副传动工作台、滑座和主轴箱。下面通过纵向进给机构说明其结构及工作原理：

工作台纵向（X 轴）进给机构（见图 4-33）。由脉宽调速直流伺服电动机 1，十字滑块联轴器 2、滚珠丝杠 3、滚珠丝杠螺母副（双螺母 4、7），驱动螺母座 8 及工作台纵向移动。采用半圆垫片 6 消除丝杠与螺母的间隙，双螺母安装在螺母座上，螺母座与工作台连接。

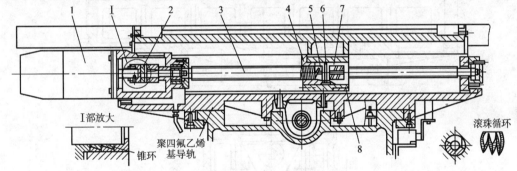

图 4-33　纵向（X 轴）进给机构

1—直流伺服电动机　2—十字滑块联轴器　3—滚珠丝杠　4—左螺母　5—键
6—半圆垫片　7—右螺母　8—螺母座

滚珠丝杠的直径为 40mm，导程为 10mm。丝杠左支承为一对向心推力球轴承，精度为／P5 级，背靠背安装，大口向外，承受径向和双轴向载荷，轴承预紧力为 1000N。丝杠右支承为一向心球轴承，轴承外圈轴向不定位，仅承受径向载荷，丝杠升温后可向右伸长。这种支承结构较简单，但轴向刚度比两端轴向固定方式低。

在主轴箱垂向（Z 轴）进给机构中，由于滚珠丝杠螺母副没有自锁能力，为保证主轴箱能够停留在所确定位置，在伺服电动机上加装制动装置，当电动机停转时，即切断电磁线圈的电流，由弹簧压紧摩擦片使其实现制动。

**4. 机床本体部件**　机床本体包括立柱、工作台和滑座部件等。加工中心的立柱为封闭箱型结构，能承受两个方向的弯矩和转矩，故其截面形状近似地取为正方形。立柱的截面尺寸较大，内壁设置有较高的竖向筋和横向环形筋，刚度较大（见图 4-34）。

加工中心的工作台（见图 4-35）和滑座（见图 4-36）。在工作台与滑座之间为燕尾形导轨，滚珠丝杠位于两导轨的中间。在滑座与床身之间为矩形导轨。在工作台与滑座之间、滑座与床身之间，以及立柱与主轴箱间的动导轨面上，都是贴的氟化乙烯导轨板，当以机床的最低进给速度移动时，皆无爬行现象发生。

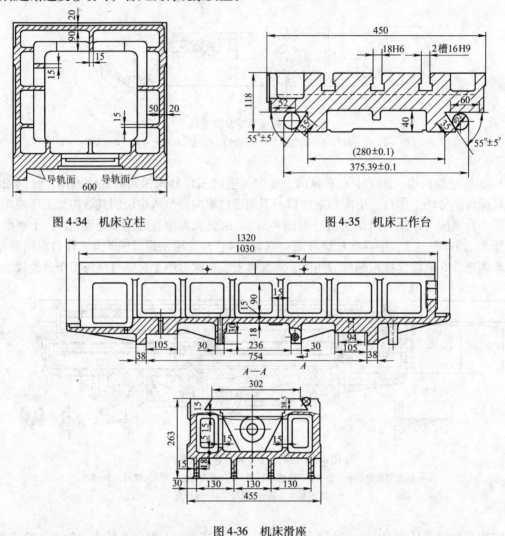

图 4-34 机床立柱          图 4-35 机床工作台

图 4-36 机床滑座

因氟化乙烯导轨板润滑性能好，对润滑油的供油量要求不高，只需用每次泵油量为 1.5 ~2.5mL，1 次/7.5min 间隙式泵供油。由油泵将润滑油通过油管送到各润滑点，在润滑点的管接头内有单向阀和节流小孔，当油泵停止泵油时，由单向阀防止导轨间的润滑油被挤回油管。节流小孔的直径只有零点几毫米，而且有几种不同规格，可根据油泵到润滑点的距离不同（管路中阻力不同），导轨位置不同（水平和竖直等），形状不同（平面和圆柱面等），可选择不同规格的管接头，以保证各润滑点的供油量基本一致。

### 4.3.5 机床数控系统

JCS—018A 型立式加工中心使用的 7CM CNC 数控系统由微机、外围设备和机床控制等三个部分组成（见图 4-37）。

1）微机部分。包括中央处理单元和存储器，为 16 位字长。

2）外围设备。包括数控操作面板，外部操作面板，纸带阅读机，CRT 控制和显示单元，纸带存储器和穿孔机等。

3）机床控制。包括位置控制器，位置检测单元（位置反馈），输入接口（机床逻辑状态检测），输出接口（机床逻辑状态控制）等。

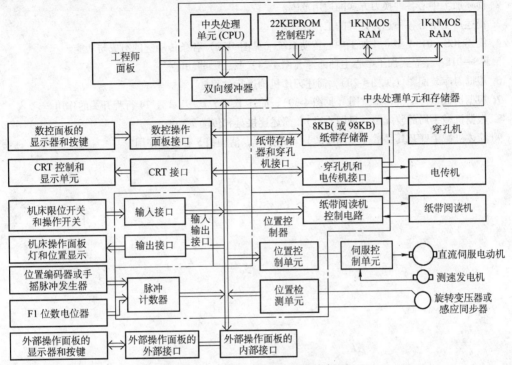

图 4-37 7CM CNC 数控系统方框图

机床伺服进给为半闭环控制系统。使用的晶闸管控制脉宽调速直流伺服电动机，具有调速范围宽、转矩大及响应速度快等特点。安装在电动机上的反馈装置有两种，一种为脉冲编码器，可同时作为位置和速度反馈元件。另一种是用旋转变压器作为位置检测器，用测速发电机作为速度反馈元件，旋转变压器的分辩精度为 2000 脉冲数/r，电动机到旋转变压器的升速比为 5:1，滚珠丝杠导程为 10mm，故位置检测分辨率为 10mm/2000 × 5 = 0.001mm。

进给运动控制系统如图 4-38 所示。从计算机发出的位置指令脉冲 $P_p$，在位置偏差检测器内与位置检测反馈脉冲 $P_1$ 进行比较，其差值为 $P_e$，经数/模转换器（D/A）转换为模拟电压 $V_e$，由位置控制放大器放大为 $V_c$，送至速度误差检测器，与速度检测器的速度（转速）模拟电压 $V_g$ 比较，其差值 $V_a$ 经速度放大器放大为 $V_m$ 控制伺服电动机的转速。

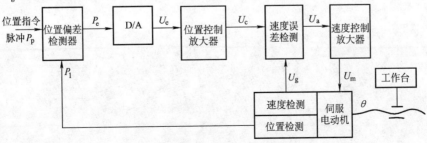

图 4-38 进给控制系统框图

# 复习思考题

1. 简述加工中心刀具库的种类和特点。
2. 简述加工中心各种换刀方式的适用范围。
3. 简述加工中心各种选刀方式的工作原理。
4. 简述 JCS—018A 型立式加工中心传动系统（见图 4-22）各条传动链的组成与功能。
5. JCS—018A 型立式加工中心主轴部件（图 4-24）具备哪些功能？
6. 根据刀库装配图（见图 4-28），简述刀库机构运行过程。
7. 根据机械手传动机构示意图（见图 4-30），简述 1、3、7、9、13、14 行程开关的作用。
8. 根据机械手局部装配图（见图 4-31），简述连接盘和传动盘功能。
9. 简述机械手臂及其手爪（见图 4-32）动作过程，活动销 5 有哪些作用？

# 第5章 机床数控系统

## 5.1 数控系统的构成与功能

### 5.1.1 数控系统的构成功能

机床数控系统。由输入/输出（I/O）设备、数控装置、伺服单元、驱动装置、可编程序控制器（PLC）、检测反馈装置等组成（见图5-1）。数控装置由硬件和软件两部分组成，硬件包括微处理器（CPU）、存储器和各种接口，软件包括系统软件和应用软件。系统软件是为实现CNC系统功能编制的专用软件，也叫控制软件，存放在计算机EPROM内存中。应用软件包括数控加工程序或其它辅助软件，如CAD/CAM软件等。各种CNC系统的功能设置和控制方案各不相同，其系统软件在结构和规模上的差异也比较大，但通常都包括输入数据处理程序、插补运算程序、速度控制程序、管理程序和诊断程序等。

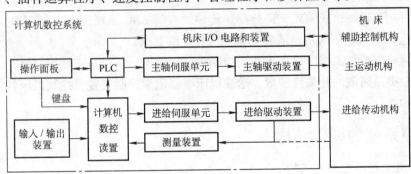

图 5-1　机床数控系统的构成

将数控加工程序等各种信息输入数控装置，输入内容及数控系统的工作状态可通过输出装置进行观察。例如，通过键盘方式输入和编辑数控加工程序，通过通信方式输入其它计算机程序编辑器、自动编程器、CAD/CAM系统或上位机提供的数控加工程序。高档次的数控装置设有自动编程系统或CAD/CAM系统，只需从键盘输入相应的调用指令，数控装置就能自动生成数控加工程序。

机床数控系统采用微型计算机作为处理器，主要依靠软件运行实现各种控制功能。数控装置的基本功能包括：控制功能、主轴功能、进给功能、刀具功能、插补功能、准备功能、辅助功能、第二辅助功能、自诊断功能等。数控装置的选择功能包括：固定循环功能、补偿功能、通信功能、人机对话编程功能、图形显示功能等。基本功能是机床数控装置的必备功能，选择功能由用户根据实际需要进行配置。

### 5.1.2 数控系统的功能用途

（1）控制功能：数控系统控制的轴数，以及控制联动的轴数。数控机床能进行3轴或3轴以上控制，实现3轴或3轴以上联动控制，不会少于两轴或两轴联动控制。

（2）主轴功能：指令主轴转速（切削速度），用S代码及数字表示，如指令S2位和S4

位等。

（3）进给功能：指令进给速度，用 F 代码及数字表示，在 ISO 中规定 F1～F5 位。

（4）刀具功能：指令选择刀具，用 T 代码及数字表示，如 T1 和 T4 等。

（5）插补功能：通过软件控制实现插补运动。数控系统都有直线和圆弧插补等，各种高档次的数控系统具有抛物线插补、螺旋线插补、极坐标插补、正弦插补等。

（6）准备功能：指令机床动作方式，用 G 代码及两位数字表示。

（7）辅助功能：指令机床辅助动作及状态，用 M 代码及数字表示。

（8）第二辅助功能：指令工作台分度的功能，用 B 代码及三位数字表示。

（9）自诊断功能：由诊断程序迅速查明故障类型及位置，减少查找故障停机时间。

（10）固定循环功能：将典型加工工序（如钻孔、镗控等）预先编入程序并存储在存储器中，形成固定循环功能。

（11）补偿功能：对刀具长度、刀具半径和刀尖圆弧进行补偿，这些功能可以补偿刀具磨损以便换刀时对准正确位置；二是工艺量的补偿，包括坐标轴的反向间隙补偿、进给传动件的传动误差补偿、进给齿条齿距误差补偿、机件的温度变形补偿等。

（12）通信功能：CNC 装置通常具有 RS232 接口，有的还具备 DNC 接口，可用数据格式输入，也可用二进制格式输入，进行高速传输。有的 CNC 系统还可以与 MAP（制造自动化协议）相连，接入通信网络，适应 FMS 和 CIMS 的要求。

数控装置将数控加工程序信息按两类控制量分别输出：一类是连续控制量，送往驱动控制装置；另一类是离散的开关控制量，送往机床电器逻辑控制装置。控制机床各组成部分实现各种数控功能。

## 5.2 数控系统的硬件结构

### 5.2.1 单微处理器数控系统结构

单微处理器数控系统结构（见图5-2）是以一个 CPU 为核心，由总线与存储器及各种接口相连接，采用集中控制与分时处理方式，实现数控加工的各种功能。有些数控装置虽然有两个以上 CPU，但只有一个 CPU 能对总线进行控制，其余 CPU 只是起专用智能作用，不能控制总线或访问主存储器，在 CPU 之间为主从关系也属于单微处理器结构。只有单个微处理器进行集中控制，其功能受到微处理器的字长、数据寻址能力和运算速度限制。由于插补

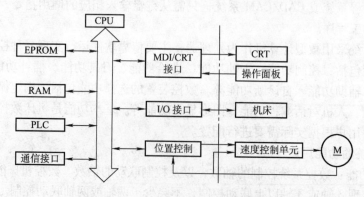

图 5-2　单微处理器数控系统结构框图

等运算和控制功能是由软件实现，故进给的速度会受到影响。

由 CNC 系统的 CPU 通过总线控制，实现数控功能和管理功能。包括输入加工程序、预处理数据、插补计算、数据输入/输出、位置控制、人机交互、诊断功能等，都是由 CPU 集中控制，用分时方式进行处理。单微处理器结构的 CNC 系统，可划分为微处理器部分、位置控制部分、可编程序控制器、输入/输出接口、MDI/CRT 接口等。

(1) 微处理器部分：由 CPU、总线、存储器组成。EPROM 存储系统程序，RAM 存储加工程序，通过总线进行传输，由 CPU 执行系统程序，对加工程序进行译码和数据处理，经过总线发出实时插补和伺服控制指令，还将辅助动作指令由 PLC 送到机床，同时接收由 PLC 反馈的机床信息，进行处理后给出下一步操作指令。

(2) 位置控制部分：包括位置控制单元和速度控制单元。位置控制单元接收由插补运算得出的各坐标轴位移量，将伺服电动机速度指令送往速度控制单元。速度控制单元将速度指令与速度反馈信号相比较，用其差值控制伺服电动机以恒定速度运转。位置控制单元用接收的实际位移反馈信号，对速度指令进行修正，以实现机床运动的准确控制。

(3) 可编程序控制器：取代机床上传统的继电器逻辑控制，用 PLC 的逻辑运算功能实现各种开关量控制，并能通过软件对逻辑关系进行变换调整。

(4) 输入/输出接口：CNC 与机床之间的信号传输，经输入/输出（I/O）接口电路连接，以进行必要的电气隔离，防止干扰信号引起的误动作。通常用光电耦合器或继电器，实现 CNC 与机床之间的信号和电气隔离。I/O 信号经过接口电路送入寄存器，CPU 定时读取寄存器状态，经数据滤波后作相应处理，CPU 定时向输出接口发送控制信号。

(5) MDI/CRT 接口：手动数据输入（MDI）接口，通过操作面板上的键盘输入数据。在 CNC 系统软件支持下，通过电子阴极射线管显示器（CRT）接口，实现字符和图形显示。现在多用平板式液晶显示器（LCD）。

## 5.2.2 多微处理器数控系统结构

1. 多微处理器数控系统功能模块　多微处理器数控系统，有两个以上相对独立的 CPU，通过一组公用地址连接总线。每一个 CPU 都能使用系统公共存储器或 I/O 接口，并能分别承担一部分数控功能。多 CPU 将单 CPU 需要分时处理，按时序完成的控制处理内容，转变成为多个 CPU 并行同时完成，从而显著地提高了机床数控系统性能。

多 CPU 数控系统为模块化结构，可按要求选用功能模块组合而成。硬件的通用性能强，容易配置，只需更新软件就可构成不同的数控装置，便于组织不同规模生产，可以形成各种批量的生产能力，并且能够保证产品质量。当某个功能模块出现故障时，其它功能模块仍能正常工作，数控系统使用的可靠性高。

(1) CNC 管理模块：该模块具有管理和组织整个 CNC 系统工作过程的功能。例如系统初始化、中断管理、总线裁决、系统出错识别和处理、系统软硬件诊断等。

(2) CNC 插补模块：该模块对工件加工程序进行译码、刀具补偿、坐标位移量计算、进给速度处理等插补前的预处理工作。然后按给定的插补类型和轨迹坐标进行插补计算，向各个坐标轴发出位置指令值。

(3) 位置控制模块：该模块将插补后的坐标位置指令值，与位置检测单元反馈回来的实际位置值进行比较，并进行自动加减速、回基准点、伺服系统滞后量的监视和漂移补偿，得到速度控制的模拟电压，驱动进给电动机。

（4）可编程序控制器模块：该模块对加工程序中的开关功能和来自机床的信号进行逻辑处理，实现各功能与操作方式之间的联锁，如机床电气设备的起动与停止、刀具交换、回转台分度、工件数量和运行时间的计算等。

（5）输入输出和显示模块：该模块包括加工程序、参数和数据、各种操作命令，输入（如通过纸带阅读机、键盘或上级计算机等），输出（如通过打印机、纸带穿孔机等），以及显示（如通过 CRT、液晶显示器等），所需要的各种接口电路。

（6）存储器模块：该模块既可以是存放程序和数据的主存储器，也可以是各功能模块间传输数据用的共享存储器。

2. 多微处理器数控系统结构特点

（1）运算处理速度快：由每个 CPU 负责完成指定的一部分功能，独立执行程序，而且是并行运行，比单微处理器的运算处理速度快。适应于多轴控制、高速进给、高精度、高效率的数控加工要求。由于整个系统的共享资源丰富，因此性能价格比也比较高。

（2）使用的可靠性高：由于每个微处理器是分管各自的任务，形成了若干模块插件，更换模块快捷方便，可使故障对系统的影响降到最低程度。共享硬件资源省去了不必要的重复配置，不仅降低了造价，而且提高了使用可靠性能。

（3）适应和扩展性好：可将微处理机、存储器、输入输出等模块化，组成独立微型计算机级的硬件模块，把软件固化在相应的硬件模块中。软硬件模块形成特定功能单元，称之为功能模块。在功能模块之间的固定接口定义，成为工厂标准或工业标准，彼此之间可进行各种信息交换。搭积木式的数控装置，使结构变得简单，具有良好的适应性和扩展性。

（4）硬件规模化生产：数控装置使用的硬件，通用性能好、配置容易、插接安装。只要开发新软件，就可构成不同 CNC 系统，便于组织硬件规模化生产，形成批量，保证质量。

3. 多微处理器共享总线结构　把连接总线的功能模块进行划分，带有 CPU 的为主模块，不带 CPU 的为从模块。如管理模块、控制模块、插补模块是主模块，而 RAM/ROM 模块或 I/O 模块是从模块。主模块和从模块共享经过严格定义的标准总线。总线有效地连接各个模块，按要求交换数据和控制信息，以构成一个完整的数控系统。

只有主模块有权控制使用总线。按每个主模块的重要程度，预先安排好优先级顺序，当有多个主模块请求使用总线时，由判别电路确定模块的优先级别。总线裁决有串行和并行两种方式，在总线裁决串行方式中，按链接先后顺序决定优先级高低，只有当优先级较高的主模块不占用总线时，优先级较低的主模块才能使用总线。在总线裁决并行方式中，配置专用逻辑电路判别主模块优先级高低，一般采用优先权编码方案。支持共享总线结构的有：STD 总线、Multi bus 总线、S-100 总线、VERSA 总线和 VME 总线等。

FANUC15 系统共享总线结构（见图 5-3）。由带有 CPU 的主模块（操作面板模块、图形显示模块，CNC 插补模块，通信模块等），以及不带 CPU 的从模块（主存储器模块、主轴控制模块）组成。可以选用 7、9、11 或 13 个功能模块进行配置，所有主从模块都可插接在配有总线插座的机柜内，由共享总线有效地连接各个功能模块，按要求交换各种数据和信息，形成完整的实时多任务数控系统，以实现 CNC 的预定功能。

FANUC15 系统的主 CPU 为 Motorola68020（32 位），内装的 PLC、轴控制、图形控制、通信及自动编程等功能模块，都有各自的 CPU，可构成最小至最大系统，控制 2～15 轴。

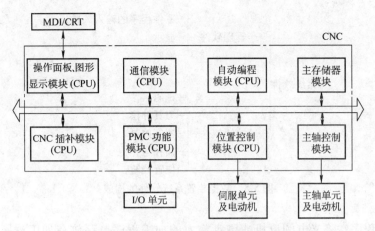

图 5-3　FANUC15 系统共享总线结构框图

4. 多微处理器共享存储器结构　各模块之间的通信主要由公共存储器来实现。公共存储器直接插在系统总线上，有总线使用权的主模块都能访问，可供任意两个主模块交换信息。共享存储器结构面向公共存储器，用多端口实现各主模块之间的互联和通信。

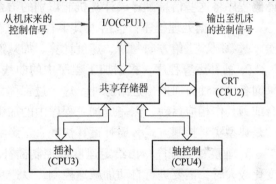

图 5-4　共享存储器结构框图

有如共享总线结构一样，各主模块不能够同时访问多端口存储器，由多端口控制逻辑解决访问冲突问题。由于多端口存储器较为复杂，当两个以上主模块进行访问时，可能造成存储器传输信息阻塞，直接降低系统效率，给扩展功能造成困难，所以通常采用双端口存储器（双端口 RAM）。多微处理器共享存储器结构如图 5-4 所示。

## 5.3　数控系统的软件结构

### 5.3.1　数控系统的软件构成

机床数控系统由硬件和软件组成。数控系统性能很大程度上取决于硬件，而数控系统功能很大程度上取决于软件。软件要有硬件支持才能运行，而且具有比较好的柔性，在相同硬件环境支持下，可通过改变软件更改或扩充功能，以完成部分或全部数控内容。

数控软件分为系统软件和应用软件两大类。系统软件，包括管理软件和控制软件，如数据处理程序、诊断和显示程序、速度控制程序、位置控制程序等（见图 5-5）。应用软件包括零件加工程序和其它辅助软件程序等。

系统软件主要内容有：

1. 输入处理程序　包括输入、译码和数据处理三项内容。接收输入的加工程序，对用标准代码表示的加工指令进行译码和数据处理，并按规定的格式存放。有的系统还进行补偿计算，为插补运算和速度控制预计算等。输入、译码和数据处理三项内容的主要含义为：

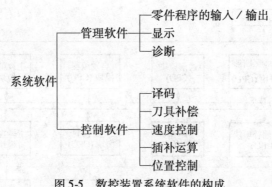

图 5-5　数控装置系统软件的构成

（1）输入程序：将光电阅读机或键盘输入的加工程序，存放在加工程序存储器中；从加工程序存储器中，把加工程序逐段调入缓冲区，以便译码时使用。

（2）译码程序：在输入的加工程序中，含有工件轮廓、加工速度和辅助功能信息，由译码程序将这些信息翻译成计算机能识别的语言，以完成插补运算与控制操作。

（3）数据处理程序：包括刀具半径补偿、刀具长度补偿、反向间隙补偿、丝杠螺距补偿、过象限、进给方向判断、速度计算、加减速控制和辅助功能处理等。

2. 插补运算程序　根据加工程序中的曲线种类、起点、终点等进行运算，根据运算结果向各坐标轴方向发出进给脉冲，这个过程称为插补运算。进给脉冲通过伺服系统驱动工作台或刀具作相应运动，以完成加工程序中的加工内容。机床数控系统边插补运算边加工，用的是典型实时控制方式，插补运算快慢直接影响进给速度。

3. 速度控制程序　由给定速度值控制插补运算频率，以保证预定的进给速度。在速度变化较大时，需要进行自动加减速控制，以避免速度突变造成的驱动系统失步。

4. 管理程序　调度管理为加工过程服务的各种程序，如数据输入、数据处理、插补运算等。管理程序还对面板命令、时钟信号、故障信号等引起的中断进行处理。使用高档次的管理程序，可使多道程序并行工作，在插补运算和速度控制的空闲时间，自动地进行数据输入处理，即调用各种功能子程序，完成下一数据段的读入、译码和数据处理工作，当上一数据段加工完毕时，立即开始下一数据段的插补加工。

5. 诊断程序　在程序运行过程中，及时发现系统的故障，并指出故障的类型。也可以在运行前或故障发生后，检查系统各主要部件（CPU、存储器、接口、开关、伺服系统等）的功能是否正常，并指出发生故障的部位。

### 5.3.2　数控系统的软件结构

1. 数控系统的软件结构　数控系统的软件结构，是指系统软件组织管理模式，即系统任务划分方式、任务调度机制、任务间的信息交换机制、以及系统集成方法等。软件结构主要解决如何组织和协调各个任务的执行，使之满足一定的时序配合要求和逻辑关系，以控制机床数控系统按给定的要求有条不紊地完成运行。

软件结构取决于数控系统的硬件和软件分工，同时也取决于软件本身的工作性质。通常情况下软件结构受到硬件的限制，但软件结构也有其独立性。因此，同样的硬件环境，可以配置不同的软件结构。不同软件结构对系统任务的安排方式不同，其管理方式也不相同，常用的软件结构有两种模式：前后台型软件结构和中断型软件结构。

2. 前后台型软件结构　这种软件结构适合单微处理器数控系统。它将 CNC 系统软件分成前台程序和后台程序两部分，前台程序是一个实时中断服务程序，承担了几乎全部实时功能，负责完成与机床动作直接相关的功能，如插补运算、位置控制、I/O 控制、软硬件故障处理等，都是些实时性很强的内容，分别由不同优先级的实时中断服务程序处理。

后台程序（背景程序）完成显示、输入/输出、人机界面（参数设置、程序编辑、文件管理）、插补预处理（译码、刀具补偿、速度预处理）等弱实时性内容。被安排在一个循环往复执行的程序环内，在后台程序运行过程中，前台实时中断程序不断定时插入，后台程序按照一定的协议，通过信息交换缓冲区，向前台程序发送数据，同时前台程序向后台程序提供显示数据及系统运行状况，前后台程序相互配合，共同完成零件加工任务。

在前后台型软件结构中（见图 5-6），程序一经启动，经过一段初始化运行，便开始进入后台程序循环，同时开放定时中断，每隔一定时间间隔发生一次中断，执行一次实时中断服务程序，执行完毕后返回后台程序，如此循环往复，共同完成数控加工的全部功能。实时中断程序与后台程序的关系如图 5-6 所示。

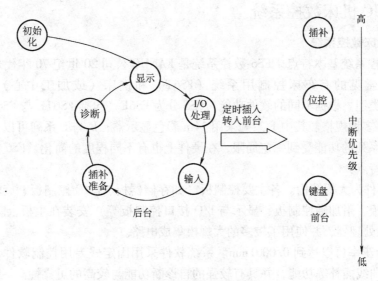

图 5-6　前后台型软件结构

前后台型软件结构的任务调度机制是优先抢占调度和顺序调度。前台程序的调度是优先抢占式的，后台程序的调度是顺序调度。

前后台型软件结构虽然具有实现简单的优点，但缺点是：由于后台程序循环执行，程序模块间依赖关系复杂，功能扩展困难，协调性差，程序运行时资源不能得到合理协调，因而实时性差。例如当插补运算没有预处理数据时，而后台程序正在运行图形显示，使插补程序处于等待（空插补）状态，只有当图形显示处理完后，CPU 才进行插补准备，等到插补预处理缓冲区中有写好的数据时，插补程序已等待了整整一个后台程序循环周期。因此该结构仅适用于单微处理器数控装置。

3. 中断型软件结构　中断型软件结构（见图 5-7）没有前后台之分，其特点是除了初始化程序之外，整个系统软件的各种任务模块按轻重缓急分别安排在不同级别的中断服务程序中。整个软件就是一个大的中断系统，由中断管理系统（由硬件和软件组成）对各级中断服务程序按照中断的优先级的高低实施调度管理。

在多微处理器数控系统结构中，软件将各控制任务分配到各个微处理器，采用流水作业并行处理的工作方式，处理器之间的协调采用中断的方式，有的中断源变为由其它处理器申请的外部中断。中断型软件结构的任务调度机制是优先抢占调度，各级中断服务程序之间的信息交换是通过缓冲区来进行的。由于系统的中断级别较多（最多可达 8 级），可将强实时性任务安排在优先级较高的中断服务程序中，

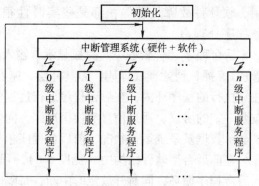

图 5-7　中断型软件结构

因此这类系统的实时性好。但模块间的关系复杂，耦合度大，不利于对系统的维护与扩充。

## 5.4　FANUC 机床数控系统

### 5.4.1　FS6 机床数控系统

1. FS6 数控系统基本特点　FS6 数控系统是 FANUC 公司 20 世纪 70 年代末、80 年代初的典型系统，常见的有车床控制用系统（FS6T）和铣床（或加工中心）控制用系统（FS6M）两种类型。根据不同的软件功能，FS6 分为 FS6E（包括 FS6TE 与 FS6ME）、FS6A、FS6B、FS6F 等多种规格。其中 F 系列采用 14in 彩色显示器；B 与 F 系列可以选择 FS6 全部功能；E 与 A 系列的功能受到一定局限，在硬件上也有不同程度的简化。FS6 数控系统归纳起来具有以下特点：

1）FS6 硬件为大板结构。各主要控制板（如存储器板、PMC 控制板、旋转变压器与感应同步器接口板、附加轴控制板、显示与 I/O 接口控制板等）安装在主板上。系统 CPU 采用 8086 系列微处理器，并使用了较多的大规模集成电路。

2）系统分辨率可以达到 0.0001mm。系统软件采用固定式专用控制软件，可以实现图形显示、正弦曲线插补等功能，并具有较强的自诊断功能与较高的可靠性。

3）FS6 配套的伺服驱动为 FANUC 直流驱动装置，位置控制电路安装在系统主板上，伺服驱动仅作速度控制用，故 FS6 配套的伺服驱动装置称为"速度控制单元"。FS6 配套的速度控制单元有晶闸管调速与 PWM 调速两种形式。

4）FS6 与机床侧开关量输入/输出信号的连接，一般用系统上的连接单元进行连接。FS6 系统可以带 2 个连接单元，每一连接单元可以连接 96 个输入信号与 64 个输出信号，系统最大输入/输出点为 192/128 点。

2. FS6 数控系统结构与布置

（1）FS6 数控系统体系结构（见图 5-8）：从图示可以看出，在数控系统主板上有伺服驱动接口，最多可以实现 5 轴控制；有包括主轴在内的 PLC 控制接口，实现机床的 MST 功能；还有通信、显示接口和反馈信号接口等。

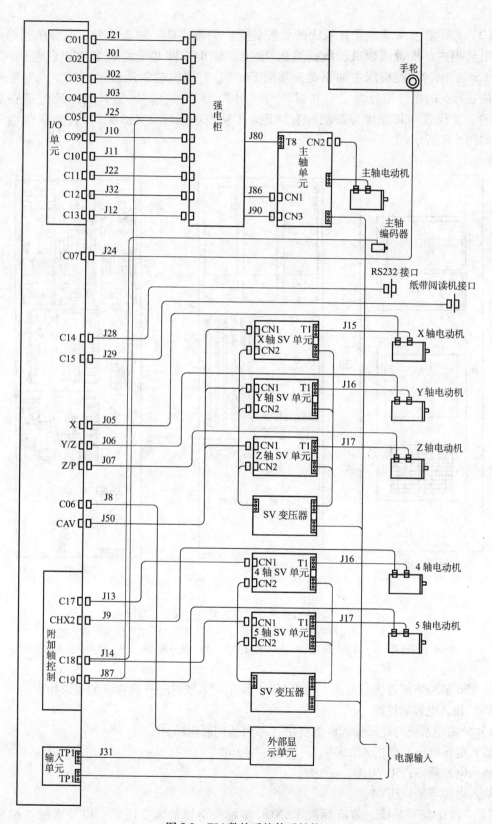

图 5-8　FS6 数控系统体系结构

（2）FS6 数控系统布置：系统的数控装置、伺服驱动、输入单元、电源单元等均安装在电气柜内，纸带阅读机、数据输入/输出、MDI/CRT 单元等安装在电气柜的门上。配套 FS6 系统的数控机床主轴驱动，采用 FANUC 直流主轴驱动装置，该单元安装在强电柜内。FS6 的电气柜分为"自立型"与"分离型"两种，区别只是系统组成在电气柜内的安装位置，其连接与功能没有区别。3 轴控制系统（FS6M）"自立型"电气柜布置如图 5-9 所示。

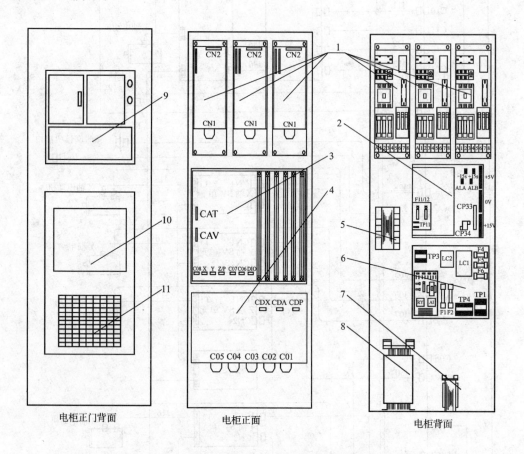

电柜正门背面　　　　　　电柜正面　　　　　　电柜背面

图 5-9　FS6M 数控系统"自立型"电气柜布置图

1—伺服单元　2—系统电源单元　3—系统主板　4—连接单元　5—变压器　6—输入单元

7—电源变压器　8—伺服变压器　9—MDI/CRT 单元　10—纸带阅读机　11—电柜热交换器

**3. FS6 数控系统连接与要求**　根据图 5-8 所示，系统对于外部连接的要求如下：

（1）输入电源的连接

1）分离型系统对外部输入电源要求（不包括伺服驱动）

输入电源电压：单相 AC200V，−15% ~ +10%；

输入电源频率：50/60Hz，±3%；

输入电源容量：1kVA。

2）"自立型"系统。带有标准 FANUC 多抽头电源输入变压器，以及多抽头伺服变压器，通过输入单元实现同步通/断控制。数控系统对外部输入电源要求（包括伺服驱动）：

输入电源电压：三相，AC200V/220V/230V/240V/380V/415V/440V/460V/480V/550V，-15% ~ +10%；

输入电源频率：50Hz/60Hz，±1Hz；

输入电源容量：2 轴（FS6T）4.5kVA；3 轴（FS6M）5.5kVA；4 轴（FS6M）6.7kVA。

（2）伺服驱动电源连接：FS6 伺服驱动输入电压要求，按使用驱动器类型有所不同。输入电源容量与控制轴数、驱动器规格等因数有关，在各机床上有所区别。在系统带有标准FANUC 伺服变压器时，允许伺服变压器输入端的进线电压为 200V/220V/230V/240V/380V/415V/440V/460V/480V/550V，其它要求不变。

（3）机床侧开关输入信号连接：FS6 输入信号接收回路，对机床侧开关输入信号，要求信号触点容量大于 DC30V/16mA，并满足如下条件：

触点断开：在 DC26.4V 时，漏电流不超过 1mA；

触点闭合：在电流为 8.5mA 时，触点压降小于 2V，信号持续时间大于 40ms。

（4）系统输出信号的连接

1）FS6 触点输出信号对机床侧负载的要求如下：

输出为"1"（触点闭合）：输出端最大负载电流小于 200mA；

输出为"0"（触点断开）：输出端最大负载电压小于 DC29V；

2）光电耦合输出信号对机床侧负载的要求如下：

输出为"1"（触点闭合）：输出端最大负载电流小于 40mA；

输出为"0"（触点断开）：输出端最大负载电压小于 DC30V。

## 5.4.2 FS0 机床数控系统

1. FS0 数控系统基本特点　FANUC0 系统是 FANUC 公司于 20 世纪 80 年代初期开始生产的产品，随着技术进步，系统性能不断完善和提高，20 多年来相继推出多个系列产品，FANUC0 系列系统作为 FANUC 公司的代表性产品，不但在全世界机床行业得到了广泛的应用，而且也是中国市场上销售量最大的一种数控系统，目前有大量配套该系列系统的数控机床投入使用。

根据系统硬件结构，除部分特殊系统外，FANUC0 系统可分为 FANUC 0Mate、FANUC0、FANUC00 三大类。其中 FANUC 0Mate 为精简经济型，选择功能受到硬件限制。FANUC 0 为基本型系统，功能可扩展范围大，不同规格系统间的性能差别很大。FANUC00 为带 14in 彩色显示屏、具有人机操作界面的系统。

在以上三大系统中，根据系统功能、开发时间不同，分为 Model A/B/C/D/E/F 等多种规格，不同规格的系统在性能、价格上有很大差异，因此，在系统型号中通常都需要加规格标记，如 ModelA、ModelC 等。此外，根据系统用途与基本软件不同，可以分为车床控制系统（T 型）、铣床或加工中心控制系统（M 型）、磨床控制系统（G 型）、冲床控制系统（P型）、双刀架车床控制系统（TT 型）等不同型号。

FANUC 的 FS0i 系列系统，采用了总线技术与网络功能，在系统各组成部分之间，可通过高速串行总线连接，无论是硬件结构还是软件功能，与前面三个系列都有很大区别。

FS0 数控系统归纳起来具有以下基本特点：

（1）FS-0 数控系统的高可靠性。FS-0 数控系统可在一般车间工作，环境温度为 0 ~ 45℃，相对湿度 75%，短时间内可达 95%，抗振能力为 0.5g，电网电压波动为 -15% ~ 10%，其故障率为 0.008 次/月·台，相当于平均无故障时间为 100kh。

（2）FS-0 数控系统硬件为模块结构，基本配置为主板、存储器板、I/O 板、伺服轴控制板和电源。此外，还有图形控制板、远程缓冲器板、PMC-M 板供选用。

（3）FS-0 数控系统全功能电动机的基本配置为 系列的伺服和主轴电动机。伺服电动机采用交流同步电动机，主轴电动机为异步电动机。进给伺服单元采用 DSP 控制。伺服板输出控制指令到功率放大器。功率放大器为模块化结构，分为整流模块和逆变模块，使用 IPM 元件，接线及装配方便。

（4）FS-0 数控系统可以同时控制 2 个主轴电动机，2 个电动机可以都为全数字式的，也可以一个数字式、一个模拟式主轴驱动采用数字矢量控制，主轴控制方式有两种：速度控制和位置控制，主轴控制应用单独的 CU 控制。从 CNC 单元输出的控制指令用一条光缆送到主轴的控制单元，数据为串行传送。

2. FS0 数控系统体系结构　根据使用对象不同，FS0 数控系统有 FS0T 型（车床用）和 FS0M 型（铣床、加工中心用）两种类型。根据测量系统不同，每一种型号可分带内置式增量编码器、外置式增量编码器、内置式绝对编码器等。根据配套伺服驱动不同，可分为配套直流伺服、交流模拟伺服、交流数字伺服等多种不同形式。配套交流模拟伺服驱动、带内置式增量编码器的 FS0M-Mate 数控系统结构如图 5-10 所示。

3. FS0 数控系统布置　上述 FS0 系统的不同产品有较大性能差别，但就总体结构而言，都是采用的 FS6 系列系统结构方式，在主板上安装存储器板、I/O 板、轴控制板及电源单元等。系统的集成度在不断提高，系统各组成模块比 FS6 系列小得多，在结构上显得更加紧凑，体积更小。

尺寸为 560mm×400mm×200mm，配套交流模拟伺服驱动的 FS0 CNC 布置如图 5-11 所示。配套交流数字伺服驱动的 FS0 CNC 布置如图 5-12。

4. FS0 数控系统连接与要求

（1）输入电源的连接：分离型系统对外部输入电源的要求（不包括伺服驱动）

输入电源电压：单相，AC200V，-15% ~ +10%；

输入电源频率：50Hz/60Hz，±3%；

输入电源容量：400VA。

（2）伺服驱动的电源连接：FS0 系统交流伺服驱动对输入电压的要求

输入电源电压：三相，AC200V，-15% ~ +10%；

输入电源频率：50Hz/60Hz，±3%；

输入电源容量：与控制轴数、驱动器规格等有关。

（3）机床侧开关输入信号连接：FS0 输入信号接收回路对机床侧开关输入信号要求，信号触点容量大于 DC30V/16mA。并满足如下条件：

1）触点断开：在 DC26.4V 时，漏电流不超过 1mA。

2）触点闭合：在电流为 8.5mA 时，触点压降小于 2V，信号持续时间大于 40ms。

（4）系统输出信号的连接：FS0 触点输出信号对机床侧负载要求：

输出为"1"（触点闭合），输出端最大负载电流小于 200mA。

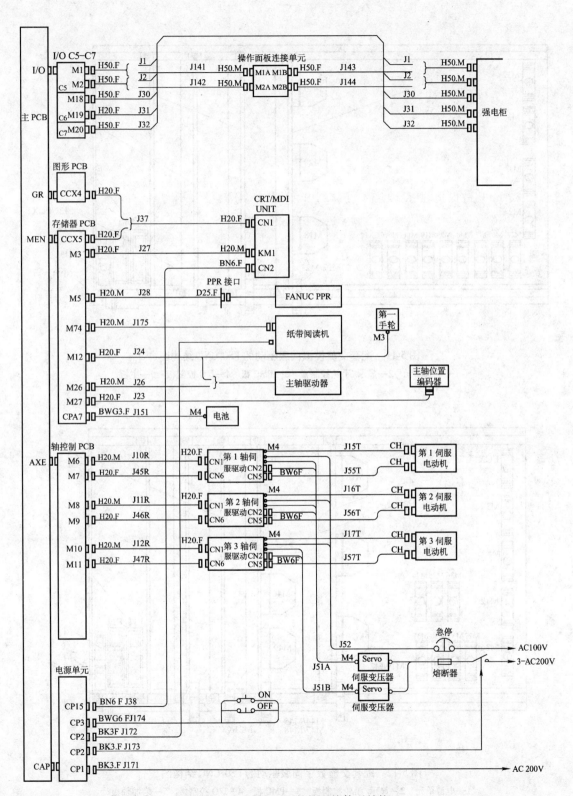

图 5-10  FS0M-Mate 数控系统体系结构

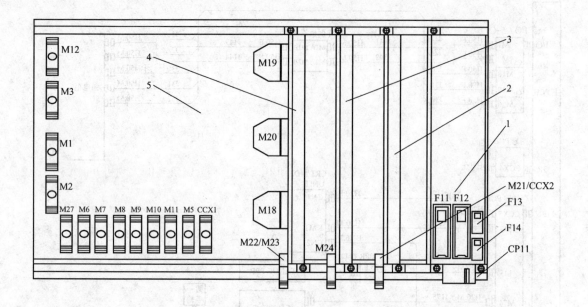

图 5-11　配套交流模拟伺服驱动的 FS0 CNC 结构图
1—电源单元　2—显示/手轮控制板　3—PMC 板　4—I/O 控制板　5—主板

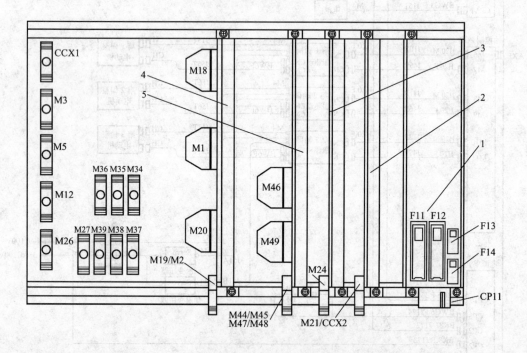

图 5-12　配套交流数字伺服驱动的 FS0 CNC 结构图
1—电源单元　2—显示/手轮控制板　3—PMC 板　4—I/O 控制板　5—附加轴板

## 5.5 SIEMENS 机床数控系统

### 5.5.1 SIEMENS 810 机床数控系统

1. SIEMENS 810 数控系统基本特点 SIEMENS 810 系列系统是 SIEMENS 公司早期的代表产品,有车床控制用系统(810T)与铣床(或加工中心)控制用系统(810M)两种类型。SIEMENS 810 数控系统具有以下特点:

1) 810 系统硬件为模块化结构,电源模块、CPU 模块、存储器模块、接口模块、轴控制接口模块、显示控制模块等,均安装在与 CRT 及键盘一体的基本框架上。系统结构紧凑、体积小、安装与维修比较方便。

2) CNC 系统的 CPU 采用 80186 系列微处理器,并使用了比较多的大规模集成电路,硬件可靠性较高。

3) 810 系列系统最多可以实现 6 轴(包括主轴)控制,3 轴联动,两通道同时工作。

4) 系统分辨率可以达到 0.0001mm,快进速度可以达到 45m/min。

5) 系统软件采用固定式专用控制软件,具有图样(轮廓)编程、极坐标编程、CL800 编程、通道控制等功能,并具有较强的自诊断功能与较高可靠性。

6) 810 系统配套的伺服驱动为 SIEMENS 610 或 611A/611A 交流模拟伺服驱动装置,通常与 SIEMENS1FT5 系列交流伺服电机配套使用。位置控制电路安装在系统轴控制模块上。

7) 伺服驱动系统通常用增量式脉冲编码器作为检测元件(在 SIEMENS 810 系统中它只作为位置检测元件),构成半闭环位置控制系统。SIEMENS 610 或 611A/611A 交流模拟伺服驱动装置在系统中仅作速度控制用,速度反馈信号由伺服电机内装式测速发电机提供,驱动器可以作为独立的调速单元使用,驱动装置实质上一种是闭环速度控制调节系统。

8) 810 系统与机床侧开关量输入/输出信号连接,通过配套的 I/O 模块进行。系统最大可带 4 个 I/O 模块,每个 I/O 模块可以连接 64 个输入和 32 个输出信号,最大输入/出点为256/128 点。输入信号额定电压为 DC24V,输出信号驱动能力为 DC24V/400mA。

9) 810 系统的 PLC 与 CNC 集成一体,共用 CPU,通过专用协处理器(COP/ACOP)负责高速执行 PLC 的逻辑运算指令。

2. SIEMENS 810 数控系统体系结构 采用脉冲编码器作为反馈元件的 SIEMENS 810 数控系统体系结构。数控系统采用包括位置控制模块(每个位置控制模块可以控制 3 根轴)、CPU 模块、接口模块、电源模块在内的多模块结构(见图 5-13)。

3. SIEMENS 810 数控系统结构 810 系统硬件采用模块化结构,且 MDI/CRT、机床操作面板、I/O 模块,以及 CNC 的各主要控制模块(包括电源模块、CPU 模块、存储器模块、接口模块、位置控制接口模块、显示控制模块等),均安装在一体化的基本框架上。系统的伺服驱动装置、主轴驱动装置等安装在电气柜内。SIEMENS 810 数控系统结构如图 5-14 所示。

4. SIEMENS 810 数控系统连接与要求 由于 SIEMENS 810 数控系统采用模块结构,数控系统与外部连接包括:电源连接、驱动器连接、位置反馈编码器连接、与机床侧 I/O 信号连接等。

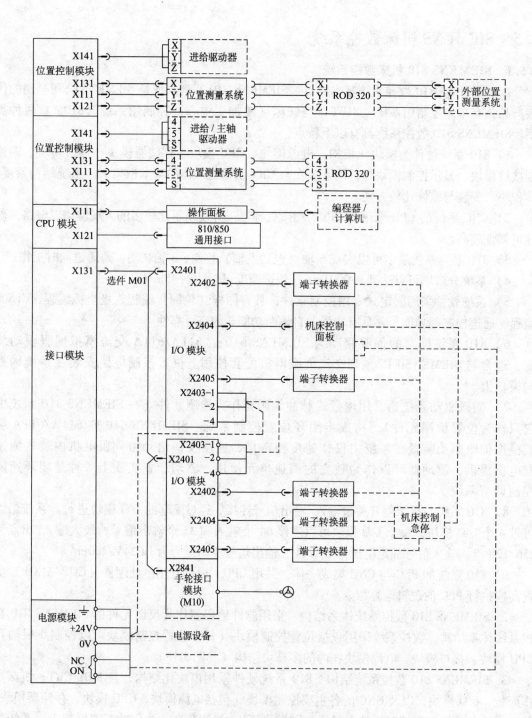

图 5-13  SIEMENS 810 数控系统体系结构

CNC 与驱动器连接、CNC 与位置反馈编码器连接,通过 CNC 的位置控制模块进行;信号连接地址在 CNC 侧是固定不变的,但在驱动器与电动机(编码器)侧,可能会因为驱动器与电机的不同而有所区别。

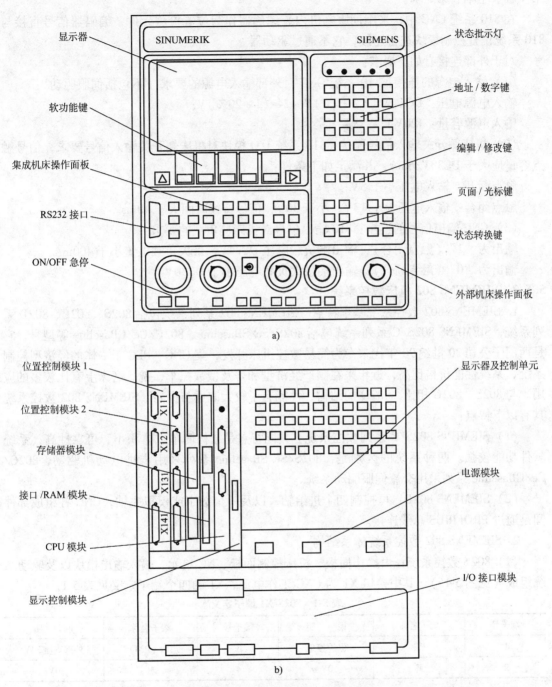

图 5-14　SIEMENS 810 数控系统结构图

a）正面安装图　b）反面安装图

　　CNC 系统与驱动器连接，主要有各坐标轴的速度给定信号和"控制"信号等，当系统安装有 2 个位置控制模块时，第 2 位置控制模块的连接与第 1 位置控制模块相同，只是第 1 位置控制模块控制的轴为第 1、2、3 轴，第 2 位置控制模块控制的轴为第 4、5、6 轴，或者第4轴、主轴、第5轴。

在810系统CNC中，采用伺服电机内装编码器作为位置检测元件，编码器信号直接与810系统位置控制模块进行连接，它不通过驱动器。

对于外部连接有如下要求：

（1）输入电源的连接：810系统CNC对外部输入电源的要求（不包括伺服驱动）：

输入电源电压：DC24V（1−15%）V～24（1+20%）V；

输入电源容量：120VA。

（2）机床侧开关输入信号连接：810系统I/O模块对机床侧开关输入信号要求，信号触点容量应大于DC30V/6mA，并满足如下条件：

触点断开：输入电压小于5V；

触点闭合：输入电压大于13V，小于30V，信号持续时间大于40ms。

（3）CNC输出信号的连接：810输出信号对机床侧负载的要求：

输出为"1"（触点闭合）：输出端负载电压DC24V，最大负载电流小于400mA；

输出为"0"（触点断开）：输出端最大负载电压小于DC30V。

### 5.5.2 SIEMENS 802 机床数控系统

1. SIEMENS 802 数控系统基本特点　SIEMENS 802系列系统包括802S、802C、802D系列系统，SIEMENS 802S/C系列系统包括802S/Se/SBaseline、802C/Ce/CBaseline等型号，它是西门子公司20世纪90年代末专为简易数控机床开发，集CNC、PLC于一体的经济型控制系统，系统性能价格比高，近年来在国产经济型和普及型数控车、铣、磨床上有比较多的应用。与802S、802C相比，802D的结构、性能有了较大改进与提高。SIEMENS 802数控系统具有以下特点：

（1）SIEMENS 802S/C系列数控系统：共同特点是结构简单、体积小、可靠性高，系统软件功能较强。两种系统的区别是：802S/Se/SBaseline系列采用步进电动机驱动，802C/Ce/CBaseline系列采用交流伺服驱动系统。

（2）SIEMENS 802D：可控制四个进给轴，以及一个数字或模拟主轴，CNC各组成部件间是通过PROFIBUS总线连接。

2. SIEMENS 802 数控系统体系结构

（1）802S数控系统：由操作面板、机床控制面板、NC单元、输入输出模块以及驱动系统组成（见图5-15）。其中接口X1为CNC工作电源，X1的四个端子定义见表5-1。

**表 5-1　802S X1 端子定义**

| 端子号 | 端子名称 | 说　明 | 端子号 | 端子名称 | 说　明 |
|---|---|---|---|---|---|
| 1 | PE | 保护接地 | 3 | L+（P24） | 外部直流24V |
| 2 | M | 0V | 4 | M | 0V |

X2接口与驱动器相连接，提供三个轴的步进控制信号。X3为主轴模拟量输出接口。X4为编码器输入接口。X8为RS232通信电缆接口，通过该接口与个人计算机相连接，可以进行系统调试，实现加工过程中的数据传递接收。用RS232隔离器使数据传递接收准确无误。连接电缆两头的金属壳体，通过屏蔽网相互连通，使计算计与NC单元（ECU）共地。为使ECU与计算机电缆的断开与连接，必须在断电状态下进行，该电缆的连接如图5-16所示。

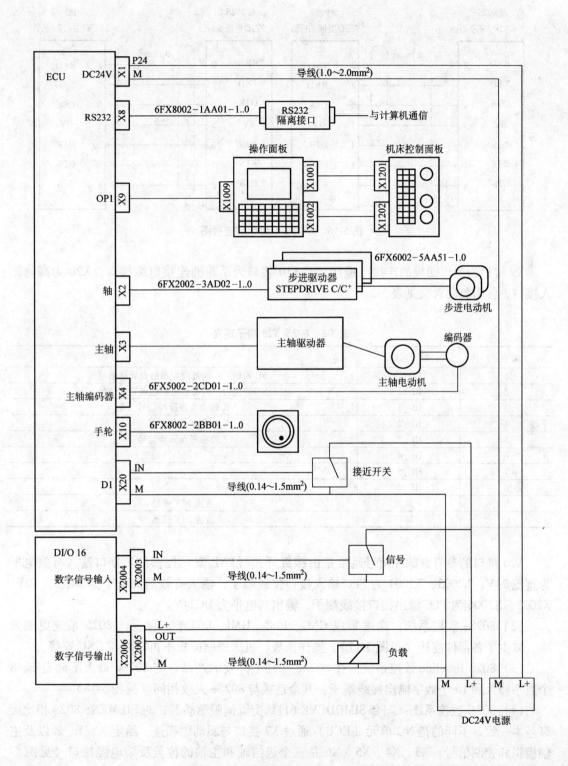

**图 5-15　802S 数控系统体系结构**

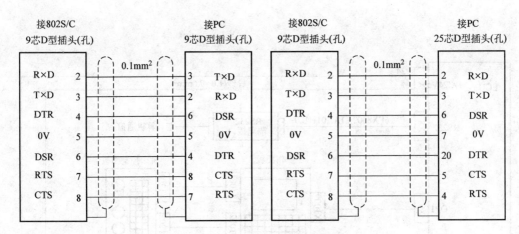

图 5-16 RS232 电缆引脚连接图

X9 接口为操作面板的连接电缆接口，X10 接口为手轮的连接电缆接口，X20 为高速输入接口，各引脚的含义见表 5-2。

表 5-2　802S X20 端子定义

| 端子号 | 端子名称 | 说　　明 |
|---|---|---|
| 1 | RDY1 | NC 控制后，内部继电器触点导通信号 |
| 2 | RDY2 | NC 控制后，内部继电器触点导通信号 |
| 3 | HI _1 | X 轴参考点脉冲信号 |
| 4 | HI _2 | Y 轴参考点脉冲信号 |
| 5 | HI _3 | Z 轴参考点脉冲信号 |
| 6 | HI _4 |  |
| 7 | HI _5 |  |
| 8 | HI _6 |  |
| 9 | M | 直流 24V 接地 |
| 10 | M | 直流 24V 接地 |

X20 接口的参考点脉冲信号通常是由接近开关（PNP 型）提供的。接口输入有效电平为直流 24V。X2003、X2004 为 PLC 输入接口接线端子，输入有效的高电平为 DC15～30V。X2005、X2006 为 PLC 输出接口接线端子，输出高电平为 DC24V。

（2）802Se 数控系统：高度集成 CNC、PLC、HMI、I/O 于一体，比 802S 系统更加紧凑，减少了各部件连接（见图 5-17），操作面板、机床控制面板不再需要与 CNC 连接。

（3）802S Baseline 数控系统：在 802Se 基础上开发的产品，与 802Se 最大不同是有 48 个数字输入和 16 个数字输出接线端子，其余连接与 802Se 大致相同（见图 5-18）。

（4）802C 数控系统：配套 SIMODEVE 611U 交流伺服驱动器，与 SIEMENS 802S 相比接口基本一致，不同的是 NC 单元（ECU）通过 X7 接口与驱动器相连，给定 X、Y、Z 以及主轴模拟和控制信号。X3、X4、X5、X6 是三个进给轴和主轴的位置反馈电缆接口（见图 5-19）。

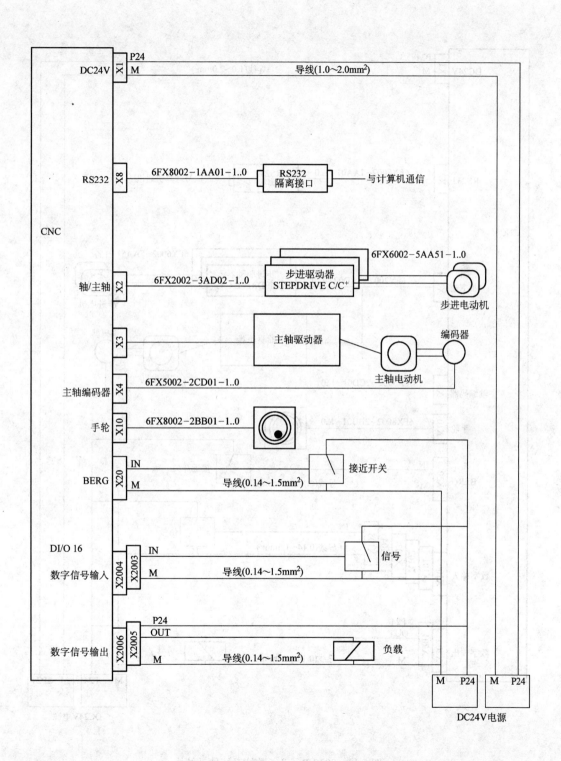

图 5-17　802Se 数控系统体系结构

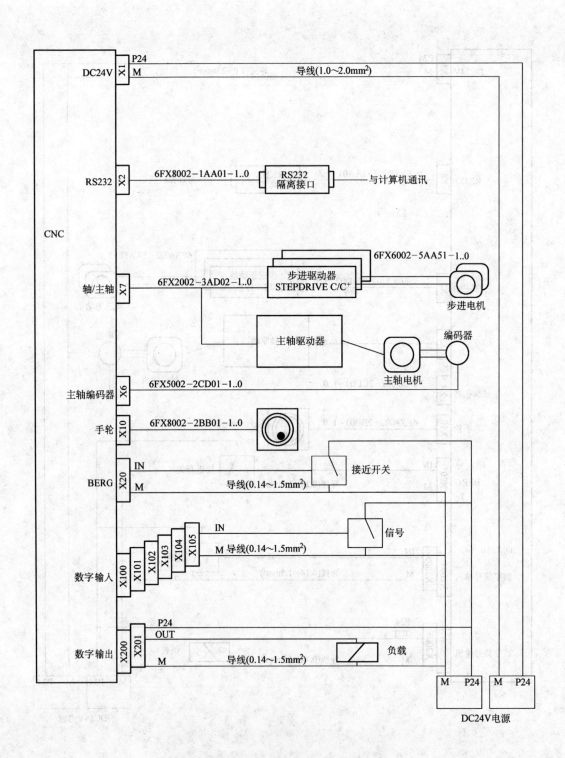

图 5-18　802S Baseline 数控系统体系结构

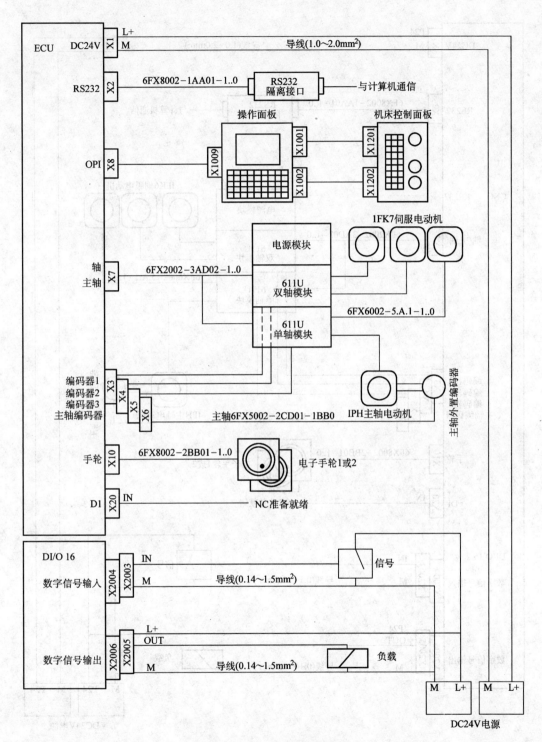

图 5-19 802C 数控系统体系结构

（5）802Ce 数控系统：与 802Se 数控系统没有大的区别，只是驱动器不同而已，一个是
步进电动机驱动器，一个是交流伺服驱动器（见图 5-20）。

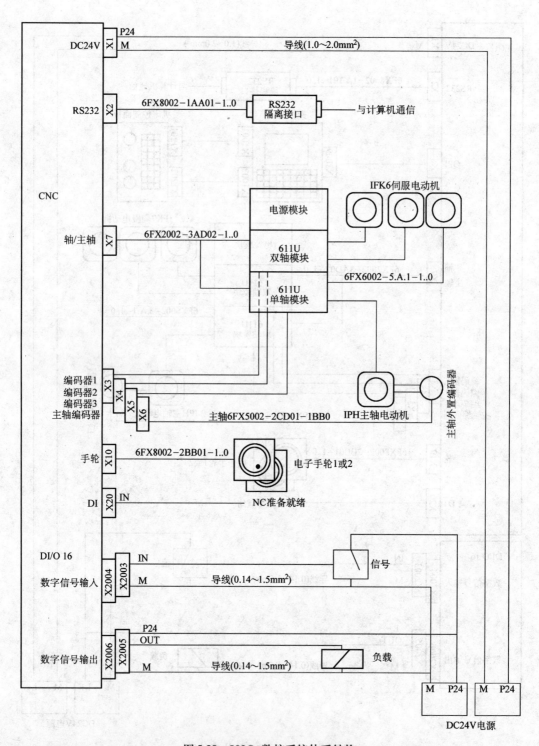

图 5-20　802Ce 数控系统体系结构

（6）802C Baseline 数控系统：与 802S Baseline 大致相同，配套 SIMODRIVEBaseline 交流伺服驱动器的 802C Baseline 数控系统体系结构（见图 5-21）。

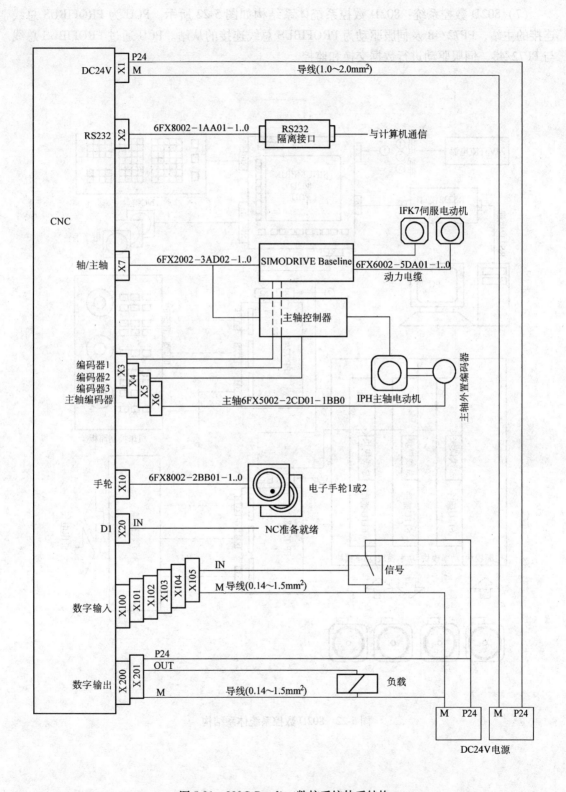

图 5-21　802C Baseline 数控系统体系结构

（7）802D 数控系统：802D 数控系统体系结构如图 5-22 所示。PCU 为 PROFIBUS 总线连接的主站，PP72/48 及伺服驱动为 PROFIBUS 总线连接的从站。PCU 通过 PROFIBUS 总线与 PP72/48、伺服驱动进行数据交换和监控。

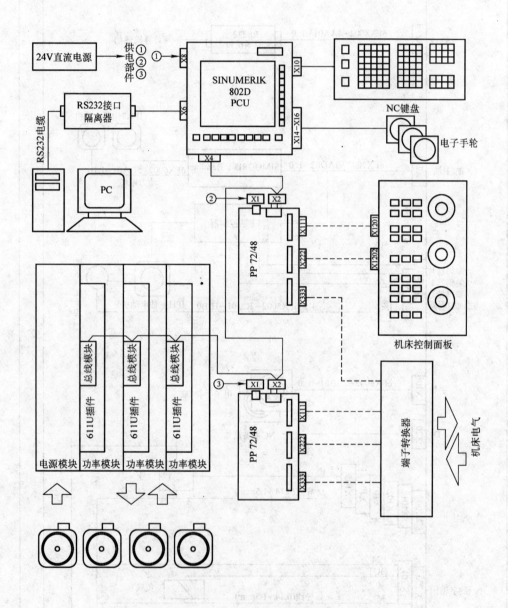

图 5-22　802D 数控系统体系结构

（8）SIEMENS 802 数控系统结构：典型的 802S/C 数控系统结构如图 5-23 所示。

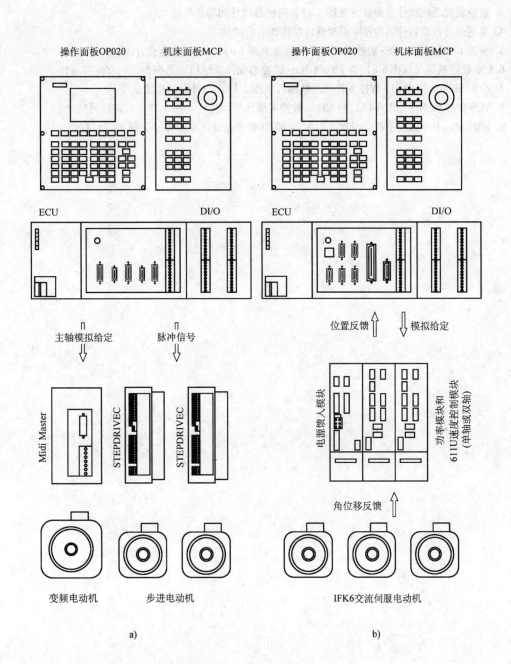

图 5-23　802S/C 数控系统结构

a) 802S 数控系统　b) 802C 数控系统

# 复习思考题

1. 机床数控系统由哪些部分构成，简述各部分的功能与用途？
2. 单微处理器与多微处理器数控系统结构比较，在功能特点上有何不同？

3. 数控装置系统软件的构成（见图 5-5），简述各软件的功能用途。

4. 简述前后台型软件结构和中断型软件结构的运行功能。

5. 分析 FANUC 公司 FS6 数控系统体系结构（见图 5-8）与外设的连接方式。

6. FS6 数控系统（见图 5-8）与 FS 0M-Mate 数控系统体系结构（见图 5-10）有何异同？

7. 分析 SIEMENS 中 810 数控系统体系结构（见图 5-13）与外设的连接方式。

8. 802S 数控系统（见图 5-15）与 802Se 数控系统体系结构（见图 5-17）有何异同？

9. 802C Baseline 数控系统（见图 5-21）与 802D 数控系统体系结构（见图 5-22）有何异同？

# 第6章 数控机床与可编程序控制器

## 6.1 可编程序控制器的基本概念与分类

### 6.1.1 可编程序控制器的定义

数控机床主要是由数控系统实现控制功能，而数控机床有些控制功能由 PLC 完成。如对刀具库进行管理，通过接口与主控装置进行信息交换，以达到协调一致工作。PLC 还应用于单机控制，如作为自动车床、卧式镗床、曲轴磨床、组合机床等设备控制系统。由于 PLC 使用方便，操作灵活，价格低廉，在数控机床领域的应用十分广泛。

国际电工委员会（IEC）于 1987 年 2 月，颁布可编程序控制器标准草案第三稿，对可编程序控制器进行定义："可编程序控制器是一种数字运算操作系统，专为工业环境下应用而设计。它采用了可编程序的存储器，用来在其内部存储和执行逻辑运算、顺序控制、定时、技术和算术运算等操作的指令，并且通过数字式或模拟式的输入和输出方式，对各种类型机械的生产过程进行控制。可编程序控制器及其有关外围设备，都按易于与工业系统连成一个整体、易于扩充其功能的原则而设计。"

定义强调 PLC 是"一种数字运算操作系统"，也就是一种计算机。它又是"专为工业环境下应用而设计"，是一种工业控制用计算机。其存储器可存储执行多种操作的指令，因此是可通过软件编程序的控制机，与以往各种顺序控制装置有质的区别。通过"数字式或模拟式的输入和输出方式"与生产现场紧密相连，突出了工业控制目标。值得注意的是可编程序控制器应用于工业环境，必须有较强的抗干扰能力，这是与一般的微机系统不同的。

### 6.1.2 可编程序控制器的特点

作为顺序控制装置，适应于工业环境的使用要求，可编程序控制器具有以下特点：

1）控制程序可变，具有柔性功能。可编程序控制器是一种工业控制计算机，其控制操作功能通过编制软件来实现，在生产工艺改变或生产设备更新时，不必改变 PLC 硬件设备，只需改变其程序就可改变控制方案，具有良好柔性功能。

2）采用面向过程语言，编程方便。用可编程序控制器替代继电器控制，用类似于继电器控制电路图形式的"梯形图"进行编程，控制线路清晰直观，编程人员稍加培训即可胜任工作。PLC 与个人计算机连网或加入集散控制系统，可通过上位机用梯形图编程，并将程序直接下装，使编程更容易、更方便。

3）具有完备的使用功能。可编程序控制器不仅具有逻辑运算、计时、计数、步进控制功能，还能完成 A/D、D/A 转换、模拟量处理、高速计数、联网通信等功能，可以通过上位机进行显示、报警、记录、进行人机对话，使控制水平大大提高。

4）扩展灵活且组合方便。可编程序控制器带有扩展单元，可适应不同 I/O 点数及不同输入输出方式需求。将 PLC 的各种功能模块制成插板，可根据需要灵活配置，从几个 I/O 点的小型系统，到几千个点的超大型系统均可以实现。

5）系统构成简单，安装调试方便。用便捷方式将程序存入存储器，连接输入、输出信号，即构成一个完整的控制系统。PLC 输出可直接驱动执行机构（负载电流可达 2A），不需要设置中间转换单元，无需继电器、转换开关等，简化了硬件接线设计及施工。用 PLC 进行模拟调试，可减少调试工作量，而且 PLC 的监视功能强，大大减少了维修量。

6）系统稳定可靠性能好。可编程序控制器采用大规模集成电路，可靠性能比有接点的继电器系统高很多。在 PLC 设计中，采用了冗余措施和容错技术，因此，其平均无故障运行时间（MTBF）超过二万小时，而平均修复时间（MTTR）则少于 10min。此外，可编程序控制器输入输出部分，采用屏蔽、隔离、滤波、电源调整与保护措施，提高了在工业环境中的抗干扰能力，使 PLC 适用于工业环境使用，可靠性大大提高。

### 6.1.3 可编程序控制器的分类

**1. 按容量分**  可分为"小"、"中"、"大"三种类型。

（1）小型 PLC：这类 PLC 的 I/O 点数在 256 点以下（在 64 点以下为超小型机）。主要功能有逻辑运算、计数、移位等，采用专用编程器。通常用作代替继电器控制的工业控制机，用于机床、机械生产控制和小规模生产过程控制。小型 PLC 价格低廉，体积小巧，是 PLC 中生产和应用量较大的产品。

（2）中型 PLC：其 I/O 点数在 256 点以上，2048 点以下，内存在 8KB 以下。适合于开关量逻辑控制和过程参数检测及调节。主要功能除了具有小型 PLC 的功能外，还有算术运算、数据处理及 A/D、D/A 转换、网络通信、远程 I/O 等功能。可用于比较复杂的控制。

（3）大型 PLC：其 I/O 点数在 2048 点以上，是具有高级功能的 PLC。除具有中小型 PLC 功能外，还有 PID 运算及高速计数等功能，配有 CRT 显示及计算机键盘，与工业控制计算机相似，具有计算、控制、调节功能。可用梯形图、功能表图及高级语言等方式编程。大型 PLC 可增加刀具精确定位，机床速度和阀门控制等功能，与计算机系统连接，以实现管理和控制一体化，与办公自动化系统连网，成为工厂自动化的组成部分。

**2. 按硬件结构分**

（1）整体式结构：将 PLC 各组成部分集装在一个机壳内，输入、输出接线端子及电源进线分别在机箱的上、下两侧，由发光二极管显示输入/输出状态。在面板上留有编程器的插座、EPROM 存储器插座、扩展单元接口插座等。编程器和主机是分离的，程序编写完毕后即可拔下。这种结构的可编程序控制器结构紧凑、体积小、价格低，小型 PLC 一般采用整体式结构。三菱的 F1、F2 系列、立石的 C 系列和富士的 μT 系列产品都采用这种结构。

（2）模块式 PLC：输入/输出点数较多的大、中型和部分小型 PLC 采用模块式结构。为了扩展方便，模块式 PLC 采用积木搭接的方式组成系统，其特点是 CPU、输入、输出、电源等都是独立的模块。它由框架和各模块组成，模块插在相应插座上，而插座焊在框架中的总线连接板上。PLC 的电源既可以是单独的模块，也可以包含在 CPU 模块中。PLC 厂家备有不同槽数的框架供用户选用。PLC 组合灵活，用户可以选用不同档次的 CPU 模块、品种繁多的 I/O 模块和其它特殊模块。硬件配置的余地较大，维修时更换模块也很方便。采用这种结构形式的有西门子的 S5 系列、美国德州公司的 TI560/565、歌德公司的 MICRO—84 及通用电气公司的 I 系列、立石的 C500、C1000H 及 C2000H 等。

（3）叠装式 PLC：单元式结构紧凑、安装方便、体积小，易于与被控设备形成整体，但每个单元的 I/O 点数有搭配关系，有时配置的系统输入点、输出点不能被充分利用，而且各单元尺寸大小不一致，不易安装整齐。模块式点数配置灵活，容易构成点数较多的大规模系统，但是尺寸较大，很难与小型设备连成一体。叠装式 PLC 吸收了整体式和模块式 PLC 的优点，其基本单元、扩展单元等高等宽，但是长度不同。不用基板，仅用扁平电缆连接，紧密拼装后组成一个整齐的体积小巧的长方体，而且输入、输出点数的配置也相当灵活。如三菱公司的 FX2 系列。

# 6.2 可编程序控制器的基本结构及编程方法

可编程序控制器品种很多，不同型号的产品结构也各不相同，但就其基本组成而言，却是大致相同的。本节介绍可编程序控制器的基本结构、工作原理、工作过程和编程方法，为使用可编程序控制器打下基础。

## 6.2.1 可编程序控制器的基本组成

可编程序控制器基本结构如图 6-1 所示，主体由三个部分组成，包括 CPU、存储系统输入/输出接口、存储器 ROM 和 RAM 等，系统电源在 CPU 模块内，也可以单独视为一个单元。编程器通常是 PLC 的外设。PLC 内部采用总线结构，进行数据和指令的传输。

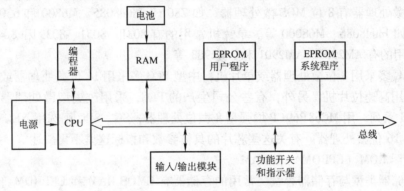

图 6-1　可编程序控制器结构

可以把 PLC 作为一个系统。外部开关信号、模拟信号、各种传感器的检测信号等，作为 PLC 的输入变量，通过 PLC 的输入端子进入 PLC 内部，经过 PLC 进行逻辑运算等各种运算与处理后，产生输出变量，送到输出端子作为输出，驱动外部设备。PLC 可以被看作是控制系统的中间处理环节，它将输入变量经一定的控制方式转变为输出变量。所以一个 PLC 控制系统可描述为：输入变量→PLC→输出变量。

输入部分收集、暂存被控对象实际运行的数据和状态信息。PLC 即逻辑部分，则是处理输入部分所取得的信息，并按被控对象实际动作要求产生输出结果。输出部分向被控设备提供实时操作与处理。

逻辑部分采用大规模集成电路，构成微处理器和存储器，由生产厂家对微处理器进行软件、硬件开发，为用户提供大量便于编程的逻辑部件，如继电器逻辑、定时器、计数器、触发器和寄存器等。同时，还提供描述这些逻辑部件的符号和语言即编程语言。

PLC 基本组成部分协调一致，实现对现场设备的控制。为进一步了解 PLC 的控制原理和工作过程，并为使用 PLC 打下基础，下面分别介绍 PLC 各组成部分及其作用。

1. CPU

（1）CPU 的作用：CPU 的作用是控制整个系统协调一致地运行，解释并执行用户及系统程序，通过运行用户及系统程序，完成所有控制、处理、通信及所赋予的其它功能。CPU主要完成下列具体工作：

1）接收和存储用户通过编程器等输入设备输入的程序和数据。

2）以扫描的方式，接收来自输入单元的输入变量和状态数据，并存入相应的数据存储区（输入映象区）。

3）利用错误校验技术，监控存储和通信状态，诊断内部电路的工作状态，以及电源状态和用户编程中的语言错误。

4）执行用户程序，完成对各种数据的处理、传输和存储，根据数据处理结果，产生相应的内部控制信号，以完成用户指令规定的各种操作。

5）响应各种外围设备（如编程器、打印机等）的请求。

（2）PLC常用CPU的特性：在PLC中常用的CPU，主要采用通用微处理器、单片机和双极型位片机。此外，为提高CPU操作速度，CPU可以使用若干个微处理器芯片，采用分割控制任务的方法，实现多机处理。

常用的微处理器有8位MOS微处理器，如Z80A、Intel8085、M6800和6502等；16位微处理器，如Intel8086、M68000等。单片机常用的有8031、8051、8039和8049等。双极型位片机常用的有AM2900、AM2901和AM2903等。

小型PLC多采用8位微处理器或单片机，中型PLC多采用16位微处理器或单片机，大型PLC则采用高速位片机。另外，有些公司生产的PLC，采用改进型微处理器，如日本生产的C2000H系列，用MC68B69CP增强型8微位处理器；SG—8PC则选用NECV30MP70116增强型8086 16位微处理器。有关这些芯片的具体参数和指标这里不再叙述。

2. 存储器ROM（EPROM）和RAM

（1）存储器类型与存储器容量：常用的存储器有CMOS RAM和EEPROM。外存可用盒式磁带或磁盘。RAM是一种随机存取存储器，CPU可随时对它进行读写。这种存储器用于存储用户正在调试和修改的程序，以及各种暂存的数据和中间变量等。中高密度、低功耗、价格便宜是RAM存储器的特点。可用锂电池作为备用电源，在停电时维持供电，保持RAM内停电前的数据。锂电池的寿命一般为5~6年，若经常带载可维持1~5年。

EPROM是可用紫外线擦除的可编程只读存储器，CPU只能从中读出但不能写入。EPROM主要来存放PLC的操作系统和监控程序，如果用户程序已完全调试好，也可通过写入器将程序固化在EPROM中。EPROM具有高密度，价格低特点，若对其内容进行擦除，须将EPROM芯片置于波长为253.7nm、总光量（紫外光光强×曝光时间）大于15W·s/cm$^2$的紫外线下进行曝光，待内容擦除后可重新写入新内容。EPROM存储器又可写成E2PROM，这是一种电可擦除可编程只读存储器。这种存储器是20世纪70年代中期发展起来的集成电路存储设备，既可按字节进行擦除和重新编程，又可以进行整片擦除，具有RAM的编程灵活性和ROM的不易失去特性。E2PROM广泛用于需要在系统内不易失地擦除和写入的场合。其不足之处在于，只有擦除某字节后才能对该字节进行改写，显然在线程序修改时间长，另外，每一字节可擦写次数有限，约为10000次。

可编程序控制器的存储容量一般指用户存储器容量。中、小型可编程序控制器的存储容量一般在8KB以下；大型可编程序控制器存储容量达256KB以上。受PLC内部电路板面积的限制，可编程序控制器内部的RAM和ROM的容量都是有限的，当用户程序块较大时，须考虑插入扩充的 RAM 和 ROM 模块，以增大系统的存储容量。

（2）存储系统的作用与存储分配：PLC 的存储器有两类，一类是存储 PLC 系统程序的系统存储器，另一类是存储用户程序的用户存储器。

系统存储器中 ROM（EPROM）用于存储系统程序，而 RAM 用于存储 PLC 内部的输入、输出信息，内部继电器（软继电器）、移位寄存器、数据寄存器、定时器/计数器，以及累加器等的工作状态。用户存储器存储用户通过编程器输入用户程序，这种存储器以 RAM 居多，但如果用户程序已经完全调试好，也经常写入 EPROM 中，以固化用户程序，但用户存储器必须有部分使用 RAM，以供存放一些必要的动态数据。

其中，系统存储区包括系统程序存储区和内部工作状态区，用户存储区包括数据存储区和用户程序存储区。

1）系统程序存储区：存放 PLC 永久存储的程序和指令，如继电器指令，块转移指令，算术指令等。

2）内部工作状态区：该区又称草稿本，是为 CPU 提供的临时存储区，用于存放相对少量的供内部计算用的数据。一般将快速访问的数据不放在主存中，而放在这一区域里，以节省访问时间。

3）数据存储区：存放与控制程序相关的数据，如定时器/计数器预置数、以及其它控制程序和 CPU 使用的常量与变量；读入的系统输入状态和输出状态。

4）用户程序存储区：存放用户输入的编程指令、控制程序。

在 PLC 的存储系统中，应指出用户存储器中的数据存储区，该区的应用非常灵活，用户可对它们的每个字节甚至每一位定义一个特定的含义。同时了解数据存储区中各部分存储器分配，可给用户编程带来方便。

3. 输入/输出模块　可编程序控制器是一种工业控制计算机系统，它的控制对象是工业生产过程，它与工业生产过程的联系通过输入输出（I/O）模块来实现。

I/O 接口模块的任务是采集被控对象或被控生产过程的各种变量，在送入 CPU 进行处理后，控制器又通过 I/O 模块，将运算处理产生的控制输出送到被控设备或生产现场，驱动各种执行机构动作，实现实时控制。I/O 模块是联系可编程序控制器与生产现场的桥梁。

输入变量有温度、压力、液位、流量、速度、电压、功率、开关量的状态等。通过传感器或变送器，转换成的电平信号各种各样，执行机构所需要的驱动电平也是多种多样，而可编程序控制器作为工控计算机，能接收、存储、输出的只是标准电平二进制信号，因此 I/O 模块首先要实现信号的电平和格式转换。生产现场通常暴露于空间，受到多种因素的影响，对信号的传输会产生干扰，为了保证信号准确无误的传送，要求可编程序控制器的 I/O 模块具有很强的抗干扰能力。根据上述要求，可编程序控制器相应有多种 I/O 接口模块。

过程变量按信号类型划分，可分为开关量、模拟量和脉冲量等，相应输入输出模块也分为开关量输入模块、开关量输出模块、模拟量输入模块、模拟量输出模块和脉冲量输入模块等。可编程序控制器与生产过程的连接如图 6-2 所示。

4. 编程器

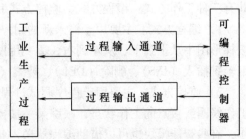

图 6-2　可编程序控制器系统构成

（1）编程器的功能：编程器是 PLC 必不可少的外部设备。可用编程语言表达需要实现的功能，通过编程器送入 PLC 用户程序存储器。编程器能对程序进行写入、读出、修改，还能对 PLC 工作过程进行监控，是用户与 PLC 进行人机对话的有效工具。随着 PLC 各种功能不断完善，编程语言多样化，编程器的功能也在增强，它已不单是一个程序输入装置。编程器有在线和离线两种编程方式：

1）在线（联机）编程方式。编程器与 PLC 专用插座或专用接口相连，程序可直接写入到 PLC 的用户程序存储器中，也可先将程序存放在编程器的存储器内，然后再转输入 PLC 的存储器中。这种编程方式可对程序进行调试，可随时插入、删改编制的程序，并可监视 PLC 内部器件（如定时器、计数器）的工作状态，还可进行强迫输出。这种方式具有编程、检查监视和测试等功能。

2）离线（脱机）编程方式。编程器不与 PLC 连接，编制的程序存放在编程器的存储器中，在程序编写完毕后，再与 PLC 连接，将程序送入 PLC 的存储器中。编程器的离线编程方式不会影响 PLC 正常工作。

（2）编程器结构：编程器按结构可分为三种类型。

1）手携式编程器。这种编程器又称为简易编程器，通常直接与 PLC 上的专用插座相连，由 PLC 提供电源给编程器。这种编程器外形与普通计算器差不多，一般只能用助记符指令形式编程，通过按键将指令输入，并由显示器加以显示，它只能联机编程，对 PLC 的监控功能少，便于携带。因此，它适于小型 PLC 的编程要求。

2）带有显示屏的编程器。图形编程器有两种显示屏，一种用液晶显示（LCD），另一种用阴极射线管（CRT）作屏幕。图形显示屏用来显示编程内容，提供各种输入、输出、辅助继电器的占用情况，程序容量等信息。在调试检查程序执行情况时，显示各种信号、状态、错误提示等。操作键盘设有各种编程方式需要的功能键、通用数字键、字符键、显示画面切换键等。因为可在显示屏上提供各种操作指示，使编程操作十分方便。

图形编程器可联机和脱机编程，能够使用多种编程语言。因为可以直接编梯形图，所以十分直观。程序编制完成后可自行编译，通过通信实现程序下装。编程器可与打印机、盒式磁带录音机、绘图仪等设备连接，并且具有较强的监控功能。图形编程器的价格比较高，适用于大、中型 PLC 的编程要求。

3）通用计算机作为编程器。有的生产厂家在 IBM—PC、Apple 等计算机中加上适当的硬件接口和软件包，使这些计算机能进行编程。通常用这种方式也可直接编制梯形图，监控的功能也较强。对于有计算机的用户，可节省一台编程器，能充分利用已有计算机。

（3）编程器的工作方式：编程器可以通过面板上的设定开关确定其工作方式。编程器共有三种工作方式：编程方式，监控方式和运行方式。

1）编程方式。主要用于输入新的用户程序，或对原有程序进行修改。程序的输入顺序按梯形图中从上到下、从左到右，逐一用助记符或图形符号键输入。修改原有程序时，可用编辑键插入（INS）、删除（DEL）、搜索（SRCH）、上移（↑）或下移（↓）等操作修改。

2）监控方式。主要用于程序调试过程或 PLC 试运行过程。利用编程器可以监视每一个工作线圈或接点的工作状态，跟踪某一被控设备的工作过程。同时还可以对一些外设进行操作，有些智能模块也可以借助编程器送入各种操作命令或有关参数。

3）运行方式。编程器与 PLC 主机"脱机"，PLC 以自行运行的方式工作。编程器可直接安装到 PLC 上，但应注意电缆连接时可能引起干扰，导致 PLC 工作不稳定。所以，用电缆连接时一般不用这种工作方式。有关编程器的具体使用，应阅读编程器使用手册。

### 6.2.2 可编程序控制器的编程方法

1. 接点梯形图　用梯形图（LD, Ladder Diagram）编程与设计继电器电路图很相似，用电路元件符号来表示控制任务，直观而且容易理解（见图6-3）。

接点梯形图由相应符号及地址构成，表示常开触点、常闭触点和继电器线目，按照一定的逻辑关系，如并联（或）关系及串联（与）关系，组成一个顺序控制程序。梯形图的结构是：左右两条竖直线称为"电力轨"，两条电力轨间的节点（或称接点、触点）、线圈（或称继电器线圈）、功能块（功能指令，图中没画）等，构成一个网络（即一条或几条支路）

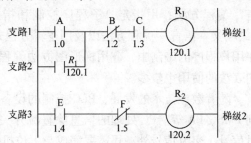

图6-3　接点梯形图

或多个网络，一个网络称为一个"梯级"（Rung）。每个梯级由一行或数行构成。在图 6-3中，梯级 1 由二行（二个支路）组成，梯级 2 由一行（一条支路）组成。每条支路（梯级）最右端的继电器线圈表示该支路的终点，它表示输出或中间存储，有接通 1 和断开 0 两种状态，这个状态取决于对该梯级左边扫描的结果。图中的线圈不是实际继电器线圈，而是 PLC存储器的某一位，也称软继电器。每个梯形图都由多条支路横向排列组成，如同梯子一般，故称之为梯形图。用编程器上的指令或功能键，可将整个梯形图输入 PLC。

2. 语句表（指令表语言）　语句表也称指令表（IL-Instruction List）或称指令表语言。用指令语句编程时，要理解每条指令的功能和用法。每一个语句包含有一个操作码部分和一个操作数部分。操作码表示要执行的功能类型，操作数表示到哪里去操作，它由地址码和参数组成。若采用指令表语句，则图6-3 的梯形图程序可表达为

| | | |
|---|---|---|
| RD | A | 1.0 |
| OR | R1 | 120.1 |
| AND NOT | B | 1.2 |
| AND | C | 1.3 |
| WRT | R1 | 120.1 |
| RD | E | 1.4 |
| AND NOT | F | 1.5 |
| WRT | R2 | 120.2 |

其中的 RD、OR、AND NOT…等为指令语句的操作码，而 1.0、120.1、1.2…为操作数。这种编程方法紧凑、系统化，但比较抽象。有时先用梯形图表达，然后写成相应的指令表语句进行输入。

3. 控制系统流程图　控制系统流程图（CSF, Control System Flowchart）就是逻辑功能图（见图6-4）。用逻辑功能图编程，与用半导体逻辑电路中的逻辑方块图，表示顺序动作很相似，每一个功能都使用一个运算方块表达，其运算功能由方块内的符号决定。& 表示逻辑"与"运算，>=1 表示逻辑"或"运算。与方块图功能有关的输入，如来自外部输入装置的接点，画在方块的左侧；输出（如执行机构、继电器、接触器、电磁问或信号指示灯

等）画在方块的右边。在输入左边和输出右边分别写明运算地址码和地址参数。

这种编程方法易于描述较为复杂的逻辑功能，表达也很直观，且容易查错。缺点是须采用带显示屏的编程器。

除了上面介绍的编程方法外，还有用功能模块图表示的"功能块语言"编程方法；基于图形表示的"图形语言"编程方法；用指定、子程序控制和指令语句表示的"结构文本语言"编程方法以及用逻辑方程式编程等方法。在用户程序的编制中，应用梯形图方法编程最为普遍，语句表法的使用也较多。

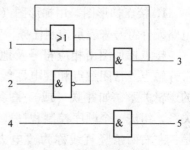

图6-4　逻辑功能图

随着数控技术的发展，PLC控制的设备已由单机扩展到FMS、FA等。PC处理的信息除直流开关量信号、模拟量信号、交流信号外，还需要完成与上位机或下位机的信息交换。某些信息的处理已不能采用顺序执行的方式，而必须采用高速实时处理方式。基于这些原因，计算机所用的高级语言便逐步被引用到PC的应用程序中来。

由于PASCAL语言是一种具有严格语法规则的模块化编程语言，适于编制可靠性高、易于检查修改的软件。这些特点特别适于PC这样的工业控制装置。近年来，CNC和PLC厂家已在某些高级CNC系统中的内装PLC的应用程序中，除LD程序外，又增加了PASCAL程序。PASCAL程序主要用于：在CRT上生成PLC应用画面，处理NC与PLC窗口间传送的测量，实现实时多任务控制功能。

## 6.3　数控机床用可编程序控制器

### 6.3.1　数控机床用可编程序控制器分类

数控机床用可编程序控制器（PLC）可分为两大类，即内装型PLC（Built-in Type）、外置型或称独立型PLC（Stand-alone Type）。

1. 内装型PLC　内装型PLC安装在数控系统内部，具有如下特点：

1）内装型PLC实际上是数控系统装置本身带有PLC功能，内装型PLC功能通常是作为可选功能提供给用户的。

2）数控装置内部，内装型PLC可与数控系统共用一个CPU，也可以单独有一个专用的CPU。硬件电路可与数控系统电路制作在同一块印制电路板上，也可单独制成一个附加板，当数控系统需要具有PLC功能时，将此板插在数控系统装置上。内装型PLC控制电路的电源可与数控系共用，不需专门配置电源。

3）有些内装型PLC可利用数控系统的显示器和键盘进行梯形图或语言的编程调试，无需装配专门的编程设备。

现在的数控系统均可选择内装型PLC功能。采用大规模集成电路，数控系统带与不带内装PLC，外形尺寸已没有明显差别。内装PLC与数控系统之间的信息交换，通过公共RAM区完成，因此内装PLC与数控系统之间没有连线，信息交换量大，安装调试更加方便，而且结构紧凑，可靠性好。与为数控系统配置一台通用PLC相比，无论在技术上还是在经济上对用户都是有利的。数控系统以及内装PLC的CNC与外部的连接框图如图6-5所示。

2. 独立型PLC　独立型PLC在数控系统外部，自身具有完备的硬软件功能，它具有如下特点：

1）独立型 PLC 本身即是一个完整的计算机系统，其具有 CPU、EPROM、RAM、I/O 接口以及编程器等外部设备的通信接口、电源等。

2）独立型 PLC 的 I/O 模块种类齐全，其输入输出点数可通过增减 I/O 模块灵活配置。

3）与内装型 PLC 相比，独立型 PLC 功能更强。但一般要配置单独的编程设备。

独立型 PLC 与数控系统之间，可通过 I/O 接口对接方式，也可采用通信方式，进行各种信息交换。I/O 对接方式就是将数控系统的

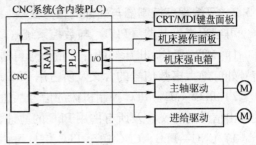

图 6-5　具有内装 PLC 的 CNC 与外部连接框图

输入输出点，通过连线与 PLC 的输入输出点连接起来，适应于数控系统与各种 PLC 的信息交换。由于每一点的信息传递需要一根信号线，所以这种方式连线多，信息交换量小。通信方式可克服上述 I/O 对接的缺点，但要求数控系统与 PLC 必须采用同一通信协议。一般来说数控系统与 PLC 须是同一家公司的产品，采用通信方式时，数控系统与 PLC 的连线少，信息交换量大而且非常方便。

PLC 在数控机床中有以下四种常用的配置方式（见图 6-6）：

第一种（见图 6-6a），PLC 安装在机床侧，用于完成传统继电器式逻辑控制。在 PLC 与数控系统之间，通过 I/O 点连线对接交换信息，PLC 通过 I/O 点再控制机床的逻辑动作。在这样的配置方式中，PLC 可选用任意一种型号的产品，可选择余地大。此时 PLC 需 $n+m$ 根连线，因此连线比较复杂。

第二种（见图 6-6b），采用内装 PLC。PLC 仅有 $m$ 根输入输出连线控制机床，PLC 与数控系统之间的信息交换，是在数控系统内部完成，因此连线少，易于维修，成本也较低。

第三种（见图 6-6c），PLC 安装在靠近 CNC 处（或用内置 PLC），但将 PLC 的 I/O 模块安装在机床侧，在 PLC 与 I/O 模块之间，用远程 I/O 通信线连接（PLC 均有远程 I/O 模块）。这种配置适用于重型、大型机床，将 I/O 模块、各远程 I/O 模块安装在靠近各自的控制对象处，从而减少和缩短了连线，简化了强电结构，提高了系统的可靠性。

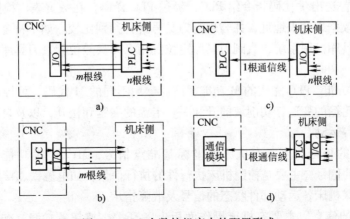

图 6-6　PLC 在数控机床中的配置形式

第四种（见图6-6d），使用独立型PLC，但PLC与数控系统之间通过通信线连接，简化了连线，通信信息量也大大增加。

### 6.3.2 可编程序控制器与外部的信息交换

可编程序控制器（PLC）与数控系统（CNC）及机床（MT）的信息交换包括：

1）MT→PLC。机床侧的开关量信号可通过PLC开关量输入接口送入PLC中。除极少数信号外，绝大多数信号的含义及所占用PLC地址，均可由PLC程序设计人员自行定义。

2）PLC→MT。PLC控制机床的信号，通过PLC的开关量输出接口送至MT中。所有开关输出信号的含义，及所有占用PLC的地址，均可由PLC程序设计者自行定义。

3）CNC→PLC。CNC送至PLC信息可由开关量输出信号（对CNC侧）完成，也可由CNC直接送入PLC的寄存器中。所有CNC送至PLC的信号含义和地址（开关量或寄存器地址）均已由CNC厂家确定，PLC编程者只可使用，不可更改和删除。

4）PLC→CNC。PLC送至CNC的信息由开关量输入信号（对CNC侧）完成，所有PLC送至CNC的信息地址与含义由CNC厂家确定，PLC编程者只可使用，不可改变和增删。

不同的CNC系统与PLC之间的信息交换方式、功能强弱差别很大，但都是CNC将需要执行的M、S、T功能代码送至PLC，由PLC控制完成相应的动作，然后再由PLC向CNC发送功能完成信号FIN。

### 6.3.3 数控机床用可编程序控制器功能

可编程序控制器在数控机床中主要实现M、S、T等辅助功能。

1. 主轴转速功能　用S二位或S四位代码指定。如用S四位代码，则可用主轴速度直接指定；如用S二位代码，应首先制定二位代码与主轴转速的对应表。通过PLC处理可以比较容易地用S二位代码指定主轴转速。CNC装置送出S代码（如二位代码）进入PLC，经电平转换（独立型PLC）、译码、数据转换、限位控制和D/A转换，最后输送给主轴电动机伺服系统。限位控制是当S代码的对应转速大于最高转速时，限定在最高转速。当S代码对应的转速小于规定的最低速度时，限定在最低转速。为了提高主轴转速的稳定性，增大转矩、调整转速范围，还可增加1~2级机械变速挡，通过PLC的M代码功能来实现。

2. 自动换刀功能　由PLC实现T功能，给自动换刀管理带来很大方便。有固定存取和随机存取自动控制换刀方式，它们分别用刀套编码制和刀具编码制。刀套编码的T功能处理过程：CNC装置送出T代码指令给PLC，经过PLC译码，在数据表内检索，找到T代码指定刀具号所在数据表的表地址，并与现行刀具号进行判别比较。如不符合，则将刀具库回转指令发送给刀具库控制系统，直到刀具库定位到指令刀具号位置，刀具库停止回转，并准备换刀。

3. 辅助动作功能　PLC完成的M功能很广泛。用不同的M代码，可控制主轴的正反转及停止，主轴齿轮箱的变速，切削液的开和关，卡盘的夹紧和松开，以及自动换刀装置机械手的取刀、归刀等运动。

PLC给CNC的信号，主要有机床各坐标基准点信号，M、S、T功能的应答信号等。PLC向机床传递的信号，主要是控制机床执行件的执行信号，如电磁铁、接触器、继电器的动作信号以及确保机床各运动部件状态的信号及故障指示。

机床给PLC的信息，主要有机床操作面板上各开关、按钮等信息，包括机床的起动、停止，机械变速选择，主轴正转、反转、停止，切削液的开、关，各坐标的点动和刀架、卡盘的松开、夹紧等信号，以及上述各部件的限位开关等保护装置、主轴伺服保护状态监视信号和伺服系统运行准备等信号。

PLC 与 CNC 之间及 PC 与机床之间信息的多少，主要按数控机床的控制要求设置。几乎所有的机床辅助功能，都可以通过 PLC 来控制。

## 6.4 典型 PLC 的指令和程序编制

### 6.4.1 FANUC PMC-L 型 PLC 指令

该数控机床用内装型 PLC 有两种指令，即基本指令和功能指令。在设计顺序程序时使用最多的是基本指令，但数控机床执行的顺序逻辑往往较为复杂，仅用基本指令编程会十分困难或规模庞大，因此必须借助功能指令以简化程序。

在指令执行过程中，逻辑操作的中间结果暂存于"堆栈"寄存器中，该寄存器由 9 位组成（见图 6-7），按照先进后出，后进先出的堆栈原理进行工作。ST0 位存放正在执行的操作结果，其它 8 位（ST1～ST8）是寄存逻辑操作的中间状态。操作的中间结果进栈时（执行暂存进栈指令），寄存器左移一位；出栈时，寄存器右移一位。

1. 基本指令　PMC-L 有 12 种基本指令（见表 6-1）；基本指令格式如图 6-8 所示。

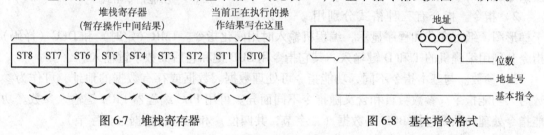

图 6-7　堆栈寄存器　　　　　　　　　图 6-8　基本指令格式

表 6-1　PMC-L 型 PLC 的基本指令

| No | 指令 | 处　理　内　容 |
| --- | --- | --- |
| 1 | RD | 读出给定信号状态，并写入 ST0 位，在一个梯级开始编码的节点（接点）是—‖—时使用 |
| 2 | RD. NOT | 将信号的"非"状态读出，送入 ST0 位，在一个梯级开始编码时节点是—╢—时使用 |
| 3 | WRT | 将运算结果（ST0 的状态）写入（输出）到指定的地址单元 |
| 4 | WRT. NOT | 将运算结果（ST0 的状态）的"非"状态写入（输出）到指定的地址单元 |
| 5 | AND | 执行逻辑"与" |
| 6 | AND. NOT | 以指定地址信号的"非"状态执行逻辑"与" |
| 7 | OR | 执行逻辑"或" |
| 8 | OR. NOT | 以指定地址信号的"非"状态执行逻辑"或" |
| 9 | RD. STK | 堆栈寄存器 ST0 内容左移到 ST1，并将指定地址信号置入 ST0，指定信号节点是—‖—时使用 |
| 10 | RD. NOT. STK | 处理内容同序号 9，只是指定信号为"非"状态，即节点是—╢—时使用 |
| 11 | AND. STK | 将 ST0 和 ST1 的内容相"与"，结果存于 ST0，堆栈寄存器原来内容右移一位 |
| 12 | OR. STK | 处理内容同序号 11，只是执行的是"或"操作 |

2. 功能指令　数控机床使用 PLC 的指令，必须满足数控机床信息处理和动作控制特殊

要求。例如，由 NC 输出的 M、S、T 二进制代码信号的译码（DEC），机械运动状态或液压系统动作状态的延时（TMR）确认，加工零件的计数（CTR），刀具库、分度工作台沿最短路径旋转和现在位置至目标位置步数的计算（ROT），换刀时数据检索（DSCH）等。对于上述的译码、定时、计数、最短路径选择，以及比较、检索、转移、代码转换、四则运算、信息显示等控制功能，仅用一位操作基本指令编程，实现起来会十分困难。因此，要增加一些具有专门控制功能的指令，解决基本指令无法解决的控制问题，这些专门指令就是功能指令。功能指令实际上就是一些子程序，应用功能指令就是调用相应的子程序。

（1）功能指令的格式：功能指令不能用继电器符号表示，它的格式如图 6-9 所示。功能指令的编码表和运算结果见表 6-2。指令格式各部分内容说明如下：

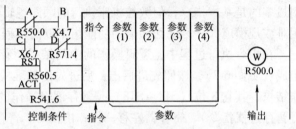

图 6-9　功能指令格式

1）控制条件。每条功能指令控制条件的数量和含义各不相同，控制条件存于堆栈寄存器中，控制条件以及指令、参数和输出（W）必须无一遗漏地按固定的编码顺序编写。

2）指令。指令有三种格式分别用于梯形图、纸带穿孔和程序显示，编程机输入时用简化指令。TMR（定时）和 DEC（译码）指令分别用编程机的 T 和 D 键输入。其它指令用 SUB 键和它后面数字键输入。

3）参数。与基本指令不同，功能指令可处理数据。数据或存有数据的地址，可作为参数写入功能指令。参数数目和含义随指令不同而异。可用 PLC 编程器 PRM 键输入参数。功能指令处理的数据包括 BCD 码数据（二字节，共四位）和二进制数据（四字节）。

表 6-2　编码表和运算结果

| 步号 | 指令 | 地址号、位数 | 注释 | 运算结果的状态 | | | |
|---|---|---|---|---|---|---|---|
| | | | | ST3 | ST2 | ST1 | ST0 |
| 1 | RD. NOT | R550. 0 | A | | | | $\overline{A}$ |
| 2 | AND | X4. 7 | B | | | | $\overline{A} \cdot B$ |
| 3 | RD. STK | X6. 7 | C | | | $\overline{A} \cdot B$ | C |
| 4 | AND. NOT | R571. 4 | D | | | $\overline{A} \cdot B$ | $C \cdot \overline{D}$ |
| 5 | RD. STK | R560. 5 | RST | | $\overline{A} \cdot B$ | $C \cdot \overline{D}$ | RST |
| 6 | RD. STK | R541. 6 | ACT | $\overline{A} \cdot B$ | $C \cdot \overline{D}$ | RST | ACT |
| 7 | (SUB) | 00 | 指令 | $\overline{A} \cdot B$ | $C \cdot \overline{D}$ | RST | ACT |
| 8 | (PRM) | 0000 | 参数 1 | $\overline{A} \cdot B$ | $C \cdot \overline{D}$ | RST | ACT |
| 9 | (PRM) | 0000 | 参数 2 | $\overline{A} \cdot B$ | $C \cdot \overline{D}$ | RST | ACT |
| 10 | (PRM) | 0000 | 参数 3 | $\overline{A} \cdot B$ | $C \cdot \overline{D}$ | RST | ACT |
| 11 | (PRM) | 0000 | 参数 4 | $\overline{A} \cdot B$ | $C \cdot \overline{D}$ | RST | ACT |
| 12 | WRT | R500. 0 | W 输出 | $\overline{A} \cdot B$ | $C \cdot \overline{D}$ | RST | ACT |

4）输出（W）。功能指令的操作结果，用逻辑"0"或"1"状态输出到 W。W 地址是

由编程者任意指定。有些功能指令不用 W，如 MOVE（逻辑乘后，数据移动）、COM（公共线控制）、JMP（转移）等。

（2）PMC-L 部分功能指令说明：PMC-L 共有 35 种功能指令（见表 6-3）。下面介绍部分功能指令。

表 6-3　PMC-L 功能指令

| 序号 | 指　　令 | | | | 序号 | 指　　令 | | | |
| --- | --- | --- | --- | --- | --- | --- | --- | --- | --- |
| | 格式 1<br>（梯形图） | 格式 2<br>（用于纸带和显示） | 格式 3<br>（程序输入） | 处理内容 | | 格式 1<br>（梯形图） | 格式 2<br>（用于纸带和显示） | 格式 3<br>（程序输入） | 处理内容 |
| 1 | END1 | SUB1 | S1 | 1 级程序结束 | 19 | DSCH | SUB17 | S17 | 数据检索 |
| 2 | END2 | SUB2 | S2 | 2 级程序结束 | 20 | XMOV | SUB18 | S18 | 变址数据转移 |
| 3 | END3 | SUB48 | S48 | 3 级程序结束 | 21 | ADD | SUB19 | S19 | 加 |
| 4 | TMR | TMR | T | 定时 | 22 | SUB | SUB20 | S20 | 减 |
| 5 | TMRB | SUB24 | S24 | 固定定时 | 23 | MUL | SUB21 | S21 | 乘 |
| 6 | DEC | DEC | D | 译码 | 24 | DIV | SUB22 | S22 | 除 |
| 7 | CTR | SUB5 | S5 | 计数 | 25 | NUME | SUB23 | S23 | 常数定义 |
| 8 | ROT | SUB6 | S6 | 旋转控制 | 26 | PACTL | SUB25 | S25 | 位置 MAteA |
| 9 | COD | SUB7 | S7 | 代码转换 | 27 | CODB | SUB27 | S27 | 二进制代码转换 |
| 10 | MOVE | SUB8 | S8 | 逻辑乘后数据转移 | 28 | DCNVB | SUB31 | S31 | 扩展数据转换 |
| 11 | COM | SUB9 | S9 | 公共线控制 | 29 | COMPB | SUB32 | S32 | 二进制数比较 |
| 12 | COME | SUB29 | S29 | 公共线控制结束 | 30 | ADDB | SUB36 | S36 | 二进制数加 |
| 13 | JMP | SUB10 | S10 | 跳转 | 31 | SUBB | SUB37 | S37 | 二进制数减 |
| 14 | JMPE | SUB30 | S30 | 跳转结束 | 32 | MULB | SUB38 | S38 | 二进制数乘 |
| 15 | PARI | SUB11 | S11 | 奇偶检查 | 33 | DIVB | SUB39 | S39 | 二进制数除 |
| 16 | DCNN | SUB14 | S14 | 数据转换 | 34 | NUMEB | SUB40 | S40 | 二进制常数定义 |
| 17 | COMP | SUB15 | S15 | 比较 | 35 | DISP | SUB49 | S49 | 信息显示 |
| 18 | COIN | SUB16 | S16 | 符合检查 | | | | | |

1）顺序结束指令（END1，END2）。END1 是高级顺序结束指令，要求响应快的信号（如脉冲信号）编在高级顺序程序中，分为 1、2、3 级，用 END1 指定高级顺序结束。END2 为低级顺序程序结束指令。高级和低级顺序结束指令，分别用 i = 1 和 2 表示（见图 6-10）。

2）定时器指令（TMR，TMRB）。在数控机床梯形图编制中，定时器指令不可缺少。它用在机械动作完成或稳定状态的延时确认（如卡盘夹紧/松开、自动夹具夹紧/松开、转台锁紧/释放、刀具夹紧/松开、主轴起动/停止等），对于机床液压、润滑、冷却、供气系统等，执行器件稳定工作状态的延时确认（如液压缸、气缸、电磁阀、压力阀、气阀等动作完成确认），以及顺序程序中其它需要与时间建立逻辑顺序关系的场合。定时器指令格式 1 如图 6-11 所示，定时器指令格式 2 如图 6-12 所示。

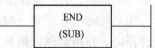

图 6-10　顺序结束指令格式

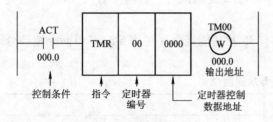
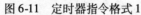

图 6-11 定时器指令格式 1

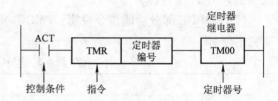

图 6-12 定时器指令格式 2

TMR 是设定时间可以更改的延时定时器。它通过 CRT/MDI 面板在指令规定的"定时器"控制数据地址来设定时间，设定值用二进制表示。二进制 1 相当于 50ms。设定范围：0.05 ~ 1638.35s。指令 TMRB 的设定时间与顺序程序一起被写入 EPROM。所设定时间不能用 CRT/MDI 改变，除非修改梯形图设定时间，再重新写入 EPROM。TMRB 是设定时间固定不变的延时定时器，设定时间以十进制表示，每 50ms 为一挡，时间范围为 0.05 ~ 1638.35s。

定时器的工作原理，当控制条件 ACT = 0 时，输出 W = 0（或称定时继电器 TM00 断开）。当 ACT = 1 时，定时器开始计时，到预定时间时 W = 1（或称接通定时器继电器 TM00）。

3）译码指令（DEC）。数控机床在执行加工程序中规定的 M、S、T 功能时，CNC 装置是以 BCD 代码形式输出 M、S、T 代码信号，这些信号需要经过译码才能从 BCD 码状态，转换成具有特定功能含义的一位逻辑状态。DEC 功能指令的格式如图 6-13 所示。

译码信号地址是指 NC 至 PMC 的二字节 BCD 代码的信号地址。译码规格数据由序号和译码位数两部分组成，如图 6-14 所示。

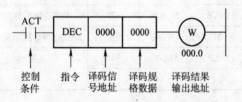

图 6-13 DEC 功能指令的格式

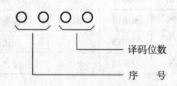

图 6-14 译码规格数据格式

其中，序号必须由两位数指定。如对 M03 译码，这二位数即为 03。"译码位数"的设定有三种情况，01：对低位数译码；10：对高位数译码；11：对二位数译码。

DEC 指令工作原理，控制条件 ACT = 0 时，不译码，译码结果继电器断开；ACT = 1 时，允许译码。在指定译码信号地址中，当代码信号状态与指定序号相同时，输出 W = 1；反之，输出 W = 0。译码输出 W 的地址由编程员任意指定。

### 6.4.2 顺序程序的编制

1. 编程举例

（1）基本指令例 1：图 6-15 梯形图的编码表和操作结果状态见表 6-4。

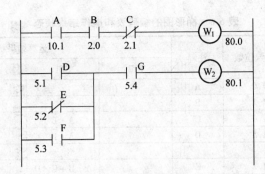

图 6-15  基本指令例 1

**表 6-4  梯形图的编码表和操作结果状态**

| 步序 | 指令 | 地址数、位数 | ST2 | ST1 | ST0 | 步序 | 指令 | 地址数、位数 | ST2 | ST1 | ST0 |
|---|---|---|---|---|---|---|---|---|---|---|---|
| 1 | RD | 10.1 | | | A | 6 | OR. NOT | 5.2 | | | $D + \overline{E}$ |
| 2 | AND | 2.0 | | | $A \cdot B$ | 7 | OR | 5.3 | | | $D + \overline{E} + F$ |
| 3 | AND. NOT | 2.1 | | | $A \cdot B \cdot \overline{C}$ | 8 | AND | 5.4 | | | $(D + \overline{E} + F) \cdot G$ |
| 4 | WRT | 80.0 | | | $A \cdot B \cdot \overline{C}$ | 9 | WRT | 80.1 | | | $(D + \overline{E} + F) \cdot G$ |
| 5 | RD | 5.1 | | | D | | | | | | |

（2）基本指令例 2：图 6-16 梯形图的编码表和操作结果状态见表 6-5。

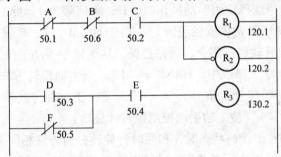

图 6-16  基本指令例 2

**表 6-5  梯形图的编码表和操作结果状态**

| 步序 | 指令 | 地址数、位数 | ST2 | ST1 | ST0 | 步序 | 指令 | 地址数、位数 | ST2 | ST1 | ST0 |
|---|---|---|---|---|---|---|---|---|---|---|---|
| 1 | RD. NOT | 50.1 | | | $\overline{A}$ | 6 | RD | 50.3 | | | D |
| 2 | AND. NOT | 50.6 | | | $\overline{A} \cdot \overline{B}$ | 7 | OR. NOT | 50.5 | | | $D + \overline{F}$ |
| 3 | AND | 50.2 | | | $\overline{A} \cdot \overline{B} \cdot C$ | 8 | AND | 50.4 | | | $(D + \overline{F}) \cdot E$ |
| 4 | WRT | 120.1 | | | $\overline{A} \cdot \overline{B} \cdot C$ | 9 | WRT | 130.2 | | | $(D + \overline{F}) \cdot E$ |
| 5 | WRT. NOT | 120.2 | | | $\overline{\overline{A} \cdot \overline{B} \cdot C}$ | | | | | | |

（3）基本指令例 3：图 6-17 梯形图的编码表和操作结果状态见表 6-6。

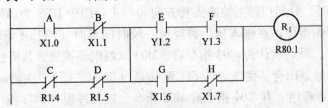

图 6-17  基本指令例 3

表 6-6  梯形图的编码表和操作结果状态

| 步号 | 指令 | 地址号、位数 | 注释 | 运算结果状态 | | |
|---|---|---|---|---|---|---|
| | | | | ST2 | ST1 | ST0 |
| 1 | RD | X1.0 | A | | | $A$ |
| 2 | AND. NOT | X1.1 | B | | | $A \cdot \bar{B}$ |
| 3 | RD. NOT. STK | R1.4 | C | | $A \cdot \bar{B}$ | $\bar{C}$ |
| 4 | AND. NOT | R1.5 | D | | $A \cdot B$ | $\bar{C} \cdot \bar{D}$ |
| 5 | OR. STK | | | | | $A \cdot \bar{B} + \bar{C} \cdot \bar{D}$ |
| 6 | RD. STK | Y1.2 | E | | $A \cdot \bar{B} + \bar{C} \cdot \bar{D}$ | $E$ |
| 7 | AND | Y1.3 | F | | $A \cdot \bar{B} + \bar{C} \cdot \bar{D}$ | $E \cdot F$ |
| 8 | RD. STK | X1.6 | G | $A \cdot \bar{B} + \bar{C} \cdot \bar{D}$ | $E \cdot F$ | $G$ |
| 9 | AND. NOT | X1.7 | H | $A \cdot \bar{B} + \bar{C} \cdot \bar{D}$ | $E \cdot F$ | $G \cdot \bar{H}$ |
| 10 | OR. STK | | | | $A \cdot \bar{B} + \bar{C} \cdot \bar{D}$ | $E \cdot F + G \cdot \bar{H}$ |
| 11 | AND. STK | | | | | $(A \cdot \bar{B} + \bar{C} \cdot \bar{D})(E \cdot F + G \cdot \bar{H})$ |
| 12 | WRT | R80.1 | R1 输出 | | | $(A \cdot \bar{B} + \bar{C} \cdot \bar{D})(E \cdot F + G \cdot \bar{H})$ |

(4) 控制主轴运动顺序程序编制：控制主轴运动局部梯形图如图 6-18 所示。包括主轴旋转方向控制（顺时针或逆时针旋转），主轴齿轮换挡控制（低速挡或高速挡），控制分为手动和自动两种方式。当选择使用手动操作时，HS. M 信号为 1。此时，自动工作方式信号 AUTO 为 0（梯级 1 的 AUTO 常闭软触点为 1），由于 HS. M 为 1，软继电器 HAND 线圈接通，使梯级 1 中的 HAND 常开软触点闭合，线路自保，从而处于手动工作方式。

在"主轴顺时针旋转"梯级中，HAND = "1"。当主轴旋转方向旋钮置于主轴顺时针旋转位置时，CW·M（顺转开关信号）= "1"，又由于主轴停止旋钮开关 OFF·W 没接通，SPOFF 常闭触点为 "1" 使主轴手动控制顺时针旋转。

当逆时针旋钮开关置于接通状态时，和顺时针旋转分析方法相同，使主轴逆时针旋转。

由于主轴顺转和逆转继电器的常闭触点 SPCW 和 SPCCW 互相接在对方的自保线路中，再加上各自的常开触点接通，使之自保并互锁。同时 CW. M 和 CCW. M 是一个旋钮的二个位置也起互锁作用。

在"主轴停"梯级中，如果把主轴停止旋钮开关接通（即 OFF·M = "1"），使主轴停软继电器线圈通电，它的常闭软触点（分别接在主轴顺转和主轴逆转梯级中）断开，从而停止主轴转动（正转或逆转）。

工作方式开关选在自动位置时，此时 AS. M = "1"，使系统处于自动方式（分析方法同手动方式）。由于手动、自动方式梯级中软继电器的常闭触点互相接在对方线路中，使手动、自动工作方式互锁。

在自动方式下，通过程序给出主轴顺时针旋转指令 M03，或逆时针旋转指令 M04，或主轴停止旋转指令 M05，分别控制主轴的旋转方向和停止。图中 DEC 为译码功能指令。当零件加工程序中有 M03 指令，在输入执行时经过一段时间延时（约几十毫秒），MF = "1"，开始执行 DEC 指令，译码确认为 M03 指令后，M03 软继电器接通，其接在"主轴顺转"梯级中的 M03 软常开触点闭合，使继电器 SPCW 接通（即为 "1"），主轴顺时针（在自动控制方式下）旋转。若程序上有 M04 指令或 M05 指令，控制过程与 M03 指令时类似。

在机床运行的顺序程序中，需执行主轴齿轮换挡时，零件加工程序上应给出换挡指令。

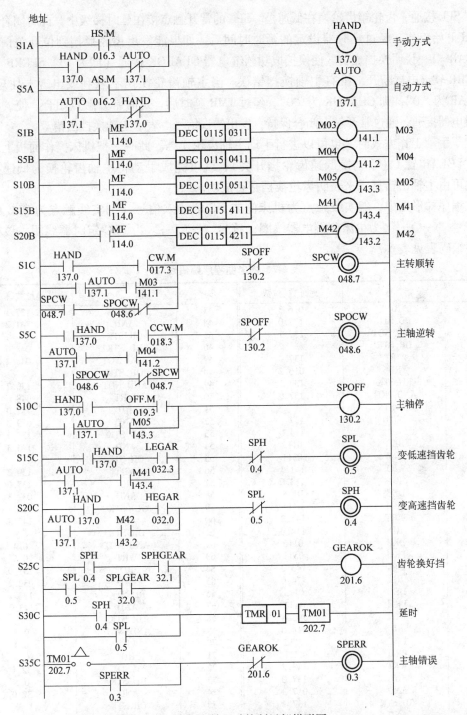

图 6-18　主轴运动控制局部梯形图

M41 代码为主轴齿轮低速挡指令，M42 代码为主轴齿轮高速挡指令。现以变低速挡齿轮为例，说明自动换挡控制过程。

　　带有 M41 代码的程序输入执行，经过延时，MF＝1，DEC 译码功能指令执行，译出 M41 后，使 M41 软继电器接通，其接在"变低速挡齿轮"梯级中的软常开触点 M41 闭合，从而使继电器 SPL 接通，齿轮箱齿轮换在低速挡。SPL 的常开触点接在延时梯级中，此时闭合，定时器 TMR 开始工作。经过定时器设定的延时时间后，如果能发出齿轮换挡到位开关信号，即 SPLGEAR = 1，说明换挡成功。使换挡成功软继电器 GEAROK 接通（即为 1），SPERR 为 "0" 即 SPERR 软继电器断开，没有主轴换挡错误。当主轴齿轮换挡不顺利或出现卡住现象时，SPLGEAR 为 "0"，则 GEAROK 为 "0"，经过 TMR 延时后，延时常开触点闭合，使 "主轴错误" 继电器接通，通过常开触点闭合保持，发出错误信号。表示主轴换挡出错。

处于手动工作方式时，也可以进行手动主轴齿轮换挡。此时，把机床操作面板上的选择开关 "LGEAR 置 1（手动换低速齿轮挡开关），就可完成手动将主轴齿轮换为低速挡。同样，也可由主轴出错显示来表明齿轮换挡是否成功。

在程序梯形图中，粗实线触点为机床侧或 NC 侧输入信号，细实线触点为 PLC 中软触点，符号 "—◎—" 为机床侧继电器线圈，符号 "—□—" 为 PLC 定时器线圈。该梯形图的程序编码表见表 6-7。

表 6-7　梯形图程序编码表

| 步序 | 指　令 | 地址数, 位数 | 步序 | 指　令 | 地址数, 位数 |
|---|---|---|---|---|---|
| 1 | RD | 016.3 | 43 | RD. STK | 137.1 |
| 2 | RD. STK | 137.0 | 44 | AND | 141.2 |
| 3 | AND. NOT | 137.1 | 45 | OR. STK | |
| 4 | OR. STK | | 46 | RD. STK | 048.6 |
| 5 | WRT | 137.0 | 47 | AND. NOT | 048.7 |
| 6 | RD | 016.2 | 48 | OR. STK | |
| 7 | RD. STK | 137.1 | 49 | AND. NOT | 130.2 |
| 8 | AND. NOT | 137.0 | 50 | WRT | 048.6 |
| 9 | OR. STK | | 51 | RD | 137.0 |
| 10 | WRT | 137.1 | 52 | AND | 019.3 |
| 11 | RD | 114.0 | 53 | RD. STK | 137.1 |
| 12 | DEC | 0115 | 54 | AND | 143.3 |
| 13 | PRM | 0311 | 55 | OR. STK | |
| 14 | WRT | 141.1 | 56 | WRT | 130.2 |
| 15 | RD | 114.0 | 57 | RD | 137.0 |
| 16 | DEC | 0115 | 58 | AND | 032.3 |
| 17 | PRM | 0411 | 59 | RD. STK | 137.1 |
| 18 | WRT | 141.2 | 60 | AND | 143.4 |
| 19 | RD | 114.0 | 61 | OR. STK | |
| 20 | DEC | 0115 | 62 | AND. NOT | 0.4 |
| 21 | PRM | 0511 | 63 | WRT | 0.5 |
| 22 | WRT | 143.3 | 64 | RD | 137.0 |
| 23 | RD | 114.0 | 65 | AND | 032.2 |
| 24 | DEC | 0115 | 66 | RD. STK | 137.1 |
| 25 | PRM | 4111 | 67 | AND | 143.2 |
| 26 | WRT | 143.4 | 68 | OR. STK | |
| 27 | RD | 114.0 | 69 | AND. NOT | 0.5 |
| 28 | DEC | 0115 | 70 | WRT | 0.4 |
| 29 | PRM | 4211 | 71 | RD | 0.4 |
| 30 | WRT | 143.2 | 72 | AND | 32.1 |
| 31 | RD | 137.0 | 73 | RD. STK | 0.5 |
| 32 | AND | 017.3 | 74 | AND | 32.0 |
| 33 | RD. STK | 137.1 | 75 | OR. STK | |
| 34 | AND | 141.1 | 76 | WRT | 201.6 |
| 35 | OR. STK | | 77 | RD | 0.4 |
| 36 | RD. STK | 048.7 | 78 | OR | 0.5 |
| 37 | AND. NOT | 048.6 | 79 | TMR | 01 |
| 38 | OR. STK | | 80 | WRT | 202.7 |
| 39 | AND. NOT | 130.2 | 81 | RD | 202.7 |
| 40 | WRT | 048.7 | 82 | OR | 0.3 |
| 41 | RD | 137.0 | 83 | AND. NOT | 201.6 |
| 42 | AND | 018.3 | 84 | WRT | 0.3 |

**2. 数控机床顺序程序设计步骤**

（1）确定 PLC 型号及硬件配置：不同型号 PLC 有不同硬件组成和性能指标，基本 I/O 点数、扩展范围、程序存储量往往差别很大。在设计 PLC 程序之前，要对所用 PC 型号，硬件配置（如内装型 PLC 是否增加 I/O 板，通用型 PLC 是否增加 I/O 模板等）作出选择。对 PLC 的性能指标主要考虑输入/输出点数和存储容量。另外，选择 PLC 的处理时间、指令功能、定时器、计数器、内部继电器的技术规格、数量等指标也应满足要求。

（2）制作接口信号文件：需要设计和编制的接口技术文件，有输入和输出信号电路原理图、地址表、PLC 数据表。这些文件是制作 PLC 程序不可缺少的技术资料。梯形图中所用到的所有内部和外部信号、信号地址、名称、传输方向，与功能指令有关的设定数据，与信号有关的电器元件等都反映在这些文件中。编制文件的人员除需要掌握所用 CNC 装置和 PLC 控制器的技术性能外，还需要具有一定的电气设计知识。

（3）绘制梯形图：梯形图逻辑控制顺序的设计，从手工绘制梯形图开始。在绘制过程中，设计员可以在仔细分析机床工作原理或动作顺序的基础上，用流程图、时序图等描述信号与机床运动时间的逻辑顺序关系，然后据此设计梯形图的控制关系和顺序。

在梯形图中，要用大量输入触点符号。设计员应搞清输入信号为"1"和"0"状态的关系。若外部信号触点是常开触点，当触点动作时（即闭合），则输入信号为"1"，若信号触点是常闭触点，当触点动作时（即打开），则输入信号为"0"。好的梯形图设计，除满足机床控制要求外，还应具有最少步数、最短顺序处理时间和易于理解的逻辑关系。

（4）用编程机编制顺序程序：手工绘制的梯形图，可先转换成指令表形式，再用键盘输入编程机进行修改。如果设计员熟悉编程机，有一定的 PC 程序设计经验，可以省去手工绘制梯形图的步骤，直接在编程机上编制梯形图程序。编程机具有丰富的编辑功能，能方便地实现程序显示、输入、输出、存储等操作，采用程编机编制程序能够提高工作效率。

（5）顺序程序的调试与确认：编好的程序需要经过运行调试。一般来说，顺序程序要经过"仿真调试"和"联机调试"二个步骤。仿真调试是在试验室条件下，采用仿真装置或模拟试验台进行调试程序。联机调试是将机床、CNC 装置、PC 装置和编程设备连接起来进行整机机电运行调试。只有这样，才能最终确认程序的正确性。

（6）顺序程序的固化：将经过反复调试并确认无误的顺序程序，用编程机或编程器写入 EPROM 中，称之为顺序程序的固化。在 PLC 装置上，用存储了顺序程序的 EPROM 代替 RAM，使机床在各种方式下实现运行检查。如果满足了整机控制的各项技术要求，则顺序程序的调试即告结束。

（7）程序的存储和文件整理：联机调试合格的 PLC 程序，是重要的技术文件，除固化到 EPROM 中外，还应存入软盘。技术文件是分析故障原因，扩展功能以及编制其它顺序程序的重要技术资料。所以对程序文件要整理存档。

# 6.5　可编程序控制器的发展方向

**1. 大规模和小规模方向发展**　随着 PLC 结构和功能改进，其应用范围迅速扩大，功能更强的 PLC 不断推出，由整体结构向小型模块化结构发展，增强了配置的灵活性。运算功能和高速计数功能的发展，使小型 PLC 更趋完善，应用范围进一步扩大，现在小型 PLC 应用很普遍，超小型、微型 PLC 的需要日趋增多。如西门子公司 S5—90U（I/O 点为 14 点），System 公司 AP41（仅有 9 点）。

大型 PLC 则向高速、大容量和高性能方向发展。开关量输入、输出点数达到 8192 的大型 PLC 已不少见，为了适应大规模控制系统需要，输入输出点数还在增加。如 MIDICON 公司的 984—780、984—785，最大开关量输入输出点数为 16384，西门子公司的 S5—155U 为 10KB 等。大规模 PLC 能够与主计算机联机，实现对工厂生产全过程的集中管理，大型 PLC 不仅运算速度快，而且具有 Pm、多轴定位、远程 I/O、高速计数、光纤通信等各种功能。

2. 加强过程控制功能　随着 PLC 的技术发展，加强了运算、数据处理、图形显示、联网通信功能，出现了模拟量 I/O 模块，专门用于过程控制的智能 Pm 模块，有些 PLC 的过程控制已有自适应、参数自整定功能，使调试时间减短、控制精度提高。

3. 增强通信联网能力　通信联网功能，使 PLC 与 PLC 之间、PLC 与其它控制设备之间能交换数字信息，形成一个统一的整体，实现分散控制或集中控制。近年来开发的 PLC 都增强了通信功能，即使是小型 PLC 也具备与上位 PLC 及其主计算机通信联网功能。

4. 开发新器件和新模块　为满足工业自动化各种控制系统的需要，PLC 生产厂家不断推出新器件和新模块，如以微处理器为基础的智能 I/O 模块，使 CPU 与 PLC 的主 CPU 并行工作，占用主 CPU 的时间少，有利于提高 PLC 扫描速度。还有高速计算模块、温度控制模块、远程 I/O 模块、通信和人机接口模块等，这些模块的开发和应用，不仅能提高功能、减小体积，而且扩大了 PLC 的应用范围。

5. 标准化和高级化发展　国际电工委员会（IEC）规定 PLC 编程语言，主要程序组织语言是顺序结构功能表。功能表的每个动作和转换条件，可以用梯形图进行编程，这种方法使用方便，容易掌握，深受编程人员欢迎，是 PLC 迅速推广使用的原因。美国、日本的 PLC 在基本控制方面，编程语言已标准化，均采用梯形图编程。随着 PLC 应用范围的扩展，仅用梯形图编程已经远远不够，这突出表现在通信方面，因此，编程语言在梯形图编程语言的基础上，有了加入高级语言（BASIC、PASCAL、C、FORTRAN）的发展趋势。

现在 IBM—PC 个人计算机，开始应用于 PLC 编程，配上适当的软件包，即可作为编程器使用。此外，厂家开发的各具特色的智能编程器也层出不穷。

6. 发展容错技术　PLC 都具有故障自诊断功能，而没有容错功能，用户在大规模控制或高可随性控制场合，对采用 PLC 会产生不同程度的犹豫。因此，为了提高系统可靠性，大力发展容错技术，如 I/O 双机表决结构，同带有 EPROM 存储器的逻辑控制器一道，当晶闸管输出状态同控制器的逻辑相比出错时，就会自动熔断熔丝。

# 复 习 思 考 题

1. PLC 作为工业顺序控制装置有何特点？
2. PLC 按容量或硬件结构分为哪些类型？各种类型的 PLC 适用范围是什么？
3. PLC 系统程序存储器与用户程序存储器有何不同？

4. 简述 PLC 输入和输出模块的原理与功能。

5. 简述编程器的功能与结构类型。

6. 数控机床用可编程序控制器主要实现哪些功能？

7. 简述接点梯形图（见图 6-15 ~ 图 6-17）及其指令表语言的含义。

8. 简述 PLC 基本指令和功能指令的适用范围。

9. 简述数控机床顺序程序设计步骤及其要点。

# 第7章　数控机床伺服装置与接口

## 7.1　步进电动机驱动装置

数控机床驱动所使用的步进电动机类型，主要有反应式步进电动机和混合式步进电动机两种，步进电动机通常用于数控机床的开环控制系统。

### 7.1.1　反应式步进电动机

1. 反应式步进电动机基本构成　步进电动机结构形式有多种，这里介绍单定子反应式步进电动机结构（见图7-1）。

（1）步进电动机定子：定子铁心由硅钢片叠加而成。图示定子上有六个磁极（也可以有多个），分成三对（因此称为三相电动机）。在每个磁极上均有控制绕组，每一对极上的绕组可以串联或并联，但绕线方向应使通过电流时产生的磁场方向一致。在电动机定子磁极上有均匀分布的小齿。

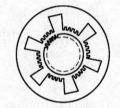

图7-1　三相反应式步进电动机结构

（2）步进电动机转子：由转子铁心和转轴组成，转子铁心由硅钢片叠加而成。在转子上没有绕组，有均匀分布的小齿。定子磁极上的小齿和转子上的小齿的齿宽和槽宽相同。但它们之间的相对位置是按一定规律排列，如当 A 相定子小齿和转子小齿对准时，B、C 相的定子小齿就会和转子的小齿错开，错齿是步进电动机能够步进的根本原因。

2. 反应式步进电动机工作原理

（1）单三拍步进电动机：步进电动机的工作原理与一般电动机不同，它是利用电磁铁的电磁力作用使其旋转。步进电动机的工作原理如图7-2所示。

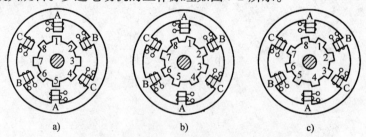

图7-2　三相反应式步进电动机工作原理

a）A相通电　b）B相通电　c）C相通电

1）A 相通电，则产生 A-A，轴线方向的磁通，通过转子形成闭合回路。这时 A、A，成为磁铁的 N、S 极，A 相定子磁极就像电磁铁一样对转子产生吸力，在磁场的作用下，转子总是力图转到磁阻最小的位置。如果此时 A 相定子的齿和转子的齿没有对准，转子的齿就转到与 A、A，极对齐的位置；如果已对准，转子就停止不动。转子被磁极产生的电磁吸力牢牢吸住，转子处于定位状态。A 相定子的齿对准后，B 相和 C 相定子的齿就相对于转子错开，错开的角度是：

定子磁极在空间的角度是

$$\theta_1 = \frac{360°}{6} = 60°$$

转子的齿在空间的角度是

$$\theta_2 = \frac{360°}{8} = 45°$$

B 相定子磁极与转子的齿错开 60° − 45° = 15°

2）B 相通电，则 B 相定子磁极对转子产生电磁吸力，使转子顺时针方向转过 15°，而与 B 相定子磁极对齐。此时 A、C 两相的定子磁极与转子的齿错齿，其中 C 相定子磁极与转子的齿错开 15°。

3）C 相通电，则转子又顺时针方向转过 15°，而与 C 相定子磁极对齐，形成周而复始新的错齿。

4）定子绕组不断地按照 A→B→C→A…的顺序通电，转子就会不断地按顺时针方向一步一步地进行转动。

5）如果改变定子绕组通电顺序，按照 A→C→B→A…的顺序通电，转子就会不断地按反时针方向一步一步地进行转动。

6）实际上，一般步进电动机的步距角不是 15°，而是 3°或 1.5°。在电动机转子上有很多齿，相应地，在定子磁极间也有很多齿，定子转子的齿宽和齿槽尺寸都是一样的。步进电动机每走一步所转过的角度称为步距角，此时步距角 θ 为

$$\theta = \frac{360°}{mz}$$

其中　$m$——步进电动机的相数；

$z$——步进电动机转子的齿数。

7）按照 A→B→C→A…顺序通电方式，以及按照 A→C→B→A…顺序通电方式，称为单三拍方式。

（2）单、双六拍步进电动机：步进电动机定子绕组通电顺序 A→AB→B→BC→C→CA→A…即首先 A 相通电，然后 AB 两相通电，再使 A 相断电，而使 B 相保持通电状态，接着 BC 两相同时通电，依此类推，每切换一次，步进电动机将逆时针方向转动 15°，形成三相六拍工作方式。此时电动机的步距角比三拍时小一半。步距角 θ 为

$$\theta = \frac{360°}{2mz}$$

（3）不同节拍步进电动机：在单三拍通电方式下，由于在切换时一相绕组断电，而另一相绕组开始通电，容易造成失步。此外，由单一绕组通电吸引转子，容易使转子在平衡位置附近产生振荡，运行的稳定性较差，所以很少采用。通常将它改成"双三拍"通电方式，即按 AB→BC→CA→AB…的通电顺序运行，这时每个通电状态均为两相绕组同时通电。在双三拍通电方式下，步进电动机的转子位置，与单、双六拍通电方式时两个绕组同时通电的情况相同。所以步进电动机按双三拍通电方式运行时，它的步距角和单三拍通电方式相同。

### 7.1.2 多段反应式步进电动机

1. **多段反应式步进电动机结构特点**　反应式步进电动机按径向分相，这种步进电动机也称为单段反应式步进电动机，是在步进电动机中使用最多的结构形式。还有一种反应式步进电动机按轴向分相，称为多段反应式步进电动机，这种步进电动机沿轴向长度分成磁性能独立的几段，每一段都用一组绕组励磁成为一相，对于三相电动机就有三段。多段反应式步进电动机的剖面如图 7-3 所示。

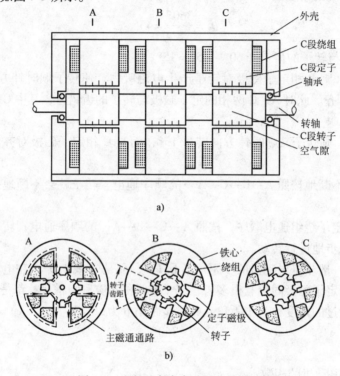

图 7-3　三段反应式步进电动机剖面图

a）纵向剖面　b）横向剖面

电动机的每一段都有一个定子固定在外壳上。电动机转子制成一体，由两端的轴承进行支承。在每段定子上都有许多磁极，将相绕组绕在这些磁极上。

2. **多段反应式步进电动机工作原理**　沿电动机的轴向长度看，每段转子上的齿都是整齐排列，在不同段所对应的定子齿之间，有不同的相对位置，即在 A 段的定子齿与转子齿对齐时，B 段和 C 段里的定子齿与转子齿则对不齐。若从 A 相通电变化到 B 相通电，则为了使 B 段里的定子齿和转子齿对齐，转子需要转动一步。B 相断开，C 相通电，则电动机转子以同一方向再走一步。再使 A 相单独通电，则转子再走一步，A 段里的定子齿和转子齿再一次完全对齐。通电状态的三次变化使转子转动三步或一个齿距，不断地按顺序改变通电状态，电动机就可连续旋转，这就是多段电动机的工作原理。

### 7.1.3 混合式步进电动机

1. **混合式步进电动机基本构成**　与反应式步进电动机一样，混合式步进电动机由定子和转子组成。混合式步进电动机的定子绕组一般有两相、四相或五相。

两相混合式步进电动机的定子一般有 8 个极或 4 个极，在极面上均匀分布一定数量的小齿，极上的线圈都能以两个方向通电，形成 A 相和 Ā 相，B 相和 B̄ 相。转子由圆周上均匀分布一定数量小齿的两块齿片组成，这两块齿片相互错开半个齿距，两块齿片之间夹有一只轴向充磁的环形永久磁钢。显然，同一段转子片上的所有齿都具有相同极性，而两块不同段的转子片的极性相反。混合式步进电动机与反应式步进电动机的最大区别，在于转子具有永久磁性，由转子上的磁钢产生的磁通回路如图 7-4 所示。

每相绕组绕在 8 个定子磁极中的 4 个极上，如 A 相绕组绕在 1、3、5、7 磁极上，则 B 相绕组绕在 2、4、6、8 磁极上，而且每相相邻的磁极以相反方向绕，即如果 A 相绕组流过正向电流，则 3 和 7 磁极的磁场径向向外，而 1 和 5 磁极的磁场径向向内，B 相与 A 相的情况类似。电动机沿 $x$、$y$ 轴剖开的剖面如图 7-5 所示。

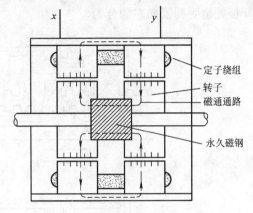

图 7-4　混合式步进电动机结构及转子磁钢产生的磁通回路

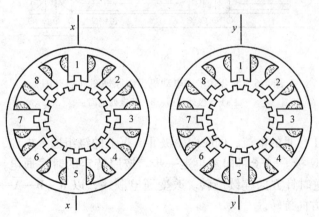

图 7-5　混合式步进电动机剖面图

2. 混合式电动机工作原理　四相混合式步进电动机圆周展开剖面模型如图 7-6 所示，其中定子齿距与转子齿距相同。先考虑磁极 I 和磁极 III 下面的磁场，定子绕组通电后，磁极 I 产生 N 极，磁极 III 产生 S 极，它们构成的磁场分布情况如实线所示，同一图中的虚线表示永久磁钢产生的磁场。

因 I 极段的转子齿和 III 极段的转子齿相互错开半个齿距，仅靠定子电流磁场不能产生如同反应式步进电动机一样的转矩。如果把转子永久磁钢产生的磁场叠加上去，因为磁极 I 下面的两个磁场相互增强，对转子产生较大的向左的驱动力，在磁极 III 下面，定子磁场和转子磁场相互抵消，虽然它要对转子产生向右的驱动力，但由于磁场的抵消，使得向右的驱动力较小。综合 I、III 极下的磁场情况，在转子 S 极处受到的合力向左（见图 7-6a）。

在 I 极上的定子与转子磁场相互抵消，在 III 极下定子磁场和转子磁场相互增强，这与图 7-6a 中的情况刚好相反（见图 7-6b）。转子 N 极处的齿片和转子 S 极处的齿片相互错开半个齿距，使图 7-6b 中定子与转子齿的相对位置与图 7-6a 中的不同，在图 7-6b 中，Ⅰ极下将产生向右的驱动力，但由于磁场的相互抵消，这个向右的驱动力较小，Ⅲ极下将产生向左的驱动力，由于磁场的相互增强，这个驱动力较大，两者合在一起的合力是向左的，这就是说转子在 N 极处也受到了向左的合力。

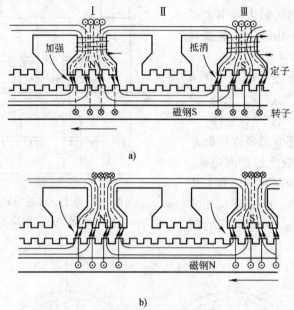

图 7-6　混合式步进电动机工作原理图（展开图）

a）S 极处剖面　b）N 极处剖面

如果切断磁极 Ⅰ、Ⅲ 的电流，同时向磁极 Ⅱ、Ⅳ 上的绕组通入电流，则在 Ⅱ 极处产生 S 极，在 Ⅳ 极处产生 N 极。转子将向左再走一步。按照特定的时序通电，如 A—$\overline{B}$—$\overline{A}$—B—A，电动机就能沿逆时针方向连续旋转。改变通电顺序，以 A—B—$\overline{A}$—$\overline{B}$—A 的顺序通电，电动机将沿顺时针方向旋转。

### 7.1.4　步进电动机的细分

步进电动机的细分就是将脉冲拍数进行细分，或将旋转磁场进行数字化处理，当步进电动机步距角不能满足使用要求时，可采用细分的方法来驱动步进电动机。

1. 步进电动机细分方式　以三相六拍步进电动机为例（见图 7-7）。当步进电动机 A 相通电时，转子停在 AA 位置，当由 A 相通电转为 A、B 两相通电时，转子转过 30°，停在 AB 之间的 Ⅰ 位置。若由 A 相通电转为 A、B 两相绕组通电时，B 相绕组中的电流不是由零一次上升到额定值，而是先达到一额定值。由于转矩 $T$ 与流过的电流 $I$ 成线性关系，转子将不是顺时针转过 30°，而是转过 15° 停在 Ⅱ 位置。同理当由 AB 两相通电变为只有 B 相通电时，A 相电流也不是突然一次下降为 0，而是先降到额定值的 1/2，则转子将不是停在 B 而是停在Ⅲ的位置，这就将精度提高了一倍，分级越多，精度越高。

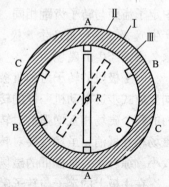

图 7-7　步距角细分示意图

**2. 步距角细分原理**　两相混合式步进电动机如图 7-8 所示。定子上有 8 个磁极，$A_1$、$A_2$、$A_3$、$A_4$ 为 A 相，$B_1$、$B_2$、$B_3$、$B_4$ 为 B 相。同相磁极的线圈串联构成一相控制绕组，并使 $A_1$、$A_3$ 与 $A_2$、$A_4$ 极性相反，$B_1$、$B_3$ 与 $B_2$、$B_4$ 极性相反。每个定子磁极上均有 3 个齿，齿间夹角为 12°。转子上没有绕组，均布 30 个齿，齿间夹角为 12°。

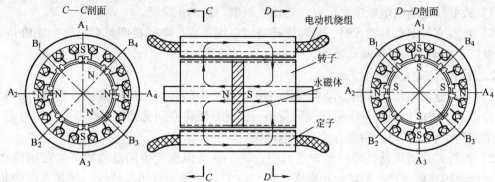

图 7-8　两相混合式步进电动机结构原理图

若将 A、B 两相电流，分成 40 等份的余弦函数和正弦函数采样点（见图 7-9），给定 A 相和 B 相电流，即一个电流周期的循环拍数将成为 40，故步进电动机的步距角 $\beta$ 将成为

$$\beta = \frac{360°}{mz_2} = \frac{360°}{40 \times 30} = 0.3°$$

这是通过改变步进电动机电流波形获得更小的步距角，也即步距角细分。

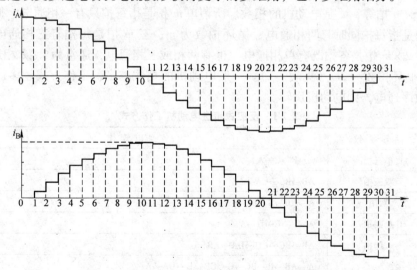

图 7-9　混合式步进电动机细分时的控制电流波形

## 7.1.5　步进电动机的使用与比较

1. 步进电动机的使用

1）步进电动机的转子具有惯性，起动频率太高容易造成错步或丢步，所以步进电动机起动时要控制起动频率。

2）步进电动机驱动装置，接收来自数控机床的脉冲指令，控制步进电动机的通电顺序，将脉冲信号转换为角位移，角位移与脉冲数成严格的比例关系，无积累误差。

3）步进电动机的转速与控制脉冲频率成正比，改变控制脉冲的频率，可以在很宽的范围内调节电动机的转速。

4）改变绕组的通电顺序，可以方便地控制电动机的正反转。

5）在没有控制脉冲输入时，只要维持绕组电流不变，电动机即可有电磁力矩维持其定位位置，不需要附加机械制动装置。

2. 几种步进电动机的比较

1）对给定的电动机体积，混合式步进电动机产生的转矩比反应式步进电动机的要大，加上混合式步进电动机的步距角常做得较小，因此在工作空间受到限制而需要小步距角和大转矩的应用中，常常可选用混合式步进电动机。

2）混合式步进电动机的绕组未通电时，转子永久磁钢产生的磁通能产生自定位转矩。虽然这比绕组通电时产生的转矩小得多，但它确实是一种很有用的特性：使其在电切断时，仍能保持转子的原来位置。

3）反应式步进电动机，因为它的转子上没有永久磁钢，所以转子的机械惯量比混合式步进电动机的转子惯量低，因此可以更快地加、减速。

### 7.1.6 步进电动机的控制

1. 步进电动机的工作方式　步进电动机的工作方式和一般电动机的不同，是采用脉冲控制方式工作的。只有按一定规律对各相绕组轮流通电，步进电动机才能实现转动。数控机床中采用的功率步进电动机有三相、四相、五相和六相等。工作方式有单 $m$ 拍，双 $m$ 拍、三 $m$ 拍及 $2 \times m$ 拍等，$m$ 是电动机的相数。所谓单 $m$ 拍是指每拍只有一相通电，循环拍数为 $m$；双 $m$ 拍是指每拍同时有两相通电，循环拍数为 $m$；三 $m$ 拍是每拍有三相通电，循环拍数为 $m$ 拍；$2 \times m$ 拍是各拍既有单相通电，也有两相或三相通电，通常为 1~2 相通电或 2~3 相通电，循环拍数为 $2m$（见表7-1）。一般电动机的相数越多，工作方式越多。若按和表中相反的顺序通电，则电动机反转。

表7-1　反应式步进电动机工作方式

| 相数 | 循环拍数 | 通电规律 |
|------|---------|---------|
| 三相 | 单三相 | A→B→C→A |
| | 双三拍 | AB→BC→CA→AB |
| | 六拍 | A→AB→B→BC→C→CA→A |
| 四相 | 单四拍 | A→B→C→D→A |
| | 双四拍 | AB→BC→CD→DA→AB |
| | 八拍 | A→AB→B→BC→C→CD→D→DA→A |
| | | AB→ABC→BC→BCD→CD→CDA→DA→DAB→AB |
| 五相 | 单五拍 | A→B→C→D→E→A |
| | 双五拍 | AB→BC→CD→DE→EA→AB |
| | 十拍 | A→AB→B→BC→C→CD→D→DE→E→EA→A |
| | | AB→ABC→BC→BCD→CD→CDE→DE→DEA→EA→EAB→AB |

2. 步进电动机的控制　步进电动机由于采用脉冲方式工作，且各相需按一定规律分配脉冲，因此，在步进电动机控制系统中，需要脉冲分配逻辑和脉冲产生逻辑。而脉冲的多少需要根据控制对象的运行轨迹计算得到，因此还需要插补运算器。数控机床所用的功率步进电动机要求控制驱动系统必须有足够的驱动功率，所以还要求有功率驱动部分。为了保证步进电动机不失步地起停，要求控制系统具有升降速控制环节。除了上述各环节之外，还有和键盘、纸带阅读机、显示器等输入、输出设备的接口电路及其它附属环节。在闭环控制系统中，还有检测元件的接口电路。在早期的数控系统中，上述各环节都是由硬件完成的。但目前的机床数控系统，由于都采用了小型和微型计算机控制，上述很多控制环节，如升降速控制、脉冲分配、脉冲产生、插补运算等都可以由计算机完成，使步进电动机控制系统的硬件电路大为简化。用微型计算机控制步进电动机的控制系统框图如图7-10所示。

### 7.1.7 步进电动机驱动电路

步进电动机驱动电源的形式多种多样。按所使用的功率开关元件来分，有晶闸管驱动电源和晶体管驱动电源；按供电方式来分，有单电压供电和双电压供电（高低压供电）；按控制方式来分，有高低压定时控制、恒流斩波控制、脉宽控制、调频调压控制及细分、平滑控制等，下面将介绍几种控制原理。

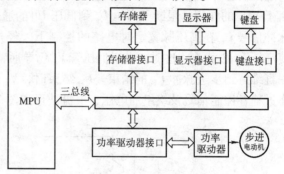

图 7-10　步进电动机的 CNC 系统框图

1. 单电压驱动电源　单电压驱动电源的基本形式如图7-11所示。$U_{cp}$是步进电动机的控制脉冲信号，控制功率开关晶体管通断，W是步进电动机的一相绕组，VD是续流二极管。电动机绕组是感应负载，属储能元件，为了使绕组中的电流在关断时能迅速消失，在电动机的各种驱动电源中必须有能量泄放回路。晶体管截止时绕组将产生很大的反电动势，这个反电动势和电源电压 U 一起作用在功率晶体管 V 上。为了防止功率晶体管被高压击穿，也必须有续流回路。VD 正是为上述两个目的而设的续流二极管。

在 V 关断时，电动机绕组中的电流经 $R_S$，$R_d$，VD，U（电源），W 迅速泄放。$R_d$ 是用来减小泄放回路的时间常数 $\tau(\tau=L/(R_S+R_d)$，其中 L 是电动机绕组 W 的电感），提高电流泄放速度，从而改善电动机的高频特性。但 $R_d$ 太大，会使步进电动机的低频性能明显变坏，电磁阻尼作用减弱，共振加剧。$R_S$ 的一个作用是限制绕组电流；另一个作用是减小绕组回路的时间常数，使绕组中的电流能够快速地建立起来，提高电动机的工作频率。但 $R_S$ 太大，会因消耗太多功率而发热，且降低了绕组中的电压，需提高电源电压来补偿，所以单电压驱动电源一般用于小功率步进电动机的驱动。电容 C 是用来提高绕组脉冲电流的前沿。当功率晶体管导通瞬间，电容相当于短路，使瞬间的冲击电流流过绕组，因此，绕组中脉冲电流的前沿明显变陡，从而提高了步进电动机的高频响应性能。

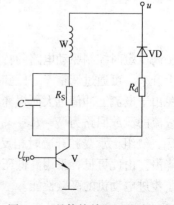

图 7-11　晶体管单电压驱动电源

**2. 双电压驱动电源**　这种电源也叫高低压驱动电源。用两套电源给电动机绕组供电，一套是高压电源，另一套是低压电源。采用高低压供电的驱动电源工作过程如下：

在功率晶体管导通时，采用高压供电，维持一段时间，断掉高压后，采用低压供电，一直到步进控制脉冲结束，使功率晶体管截止为止。由于高压供电时间很短，故可以采用较高的电压，而低压可采用较低的电压。由于对高压脉宽控制方式的不同，便产生了如高压定时控制、斩波恒流控制、电流前沿控制、斩波平滑控制等各种派生电路。

以高压定时控制驱动电源为例，说明双电压驱动电源工作原理（见图7-12）。$U_g$是高压电源电压；$U_d$是低压电源电压；$V_g$是高压控制晶体管；$V_d$是低压控制晶体管；$VD_1$是续流二极管；$VD_2$是阻断二极管；$U_{cp}$是步进控制脉冲，$U_{cg}$是高压控制脉冲。其工作原理是：当步进控制脉冲$U_{cp}$到来时，经驱动电路放大，控制高、低压功率晶体管$V_g$、$V_d$同时导通，由于$VD_2$的作用，阻断了高压$U_g$到低压$U_d$的通路。使高压$U_g$作用在电动机绕组上。高压脉冲信号$U_{cg}$在高压脉宽定时电路的控制下，经过一定的时间（小于$U_{cp}$的宽度）便消失，使高压管$V_g$截止。这时，由于低压管$V_d$仍导通，低压电源$U_d$便经二极管$VD_2$向绕组供电，一直维持到步进脉冲$U_{cp}$的结束。$U_{cp}$结束时，$V_d$关断，绕组中的续流经$VD_1$泄放。整个工作过程各控制信号及绕组的电压、电流波形如图7-12b所示。

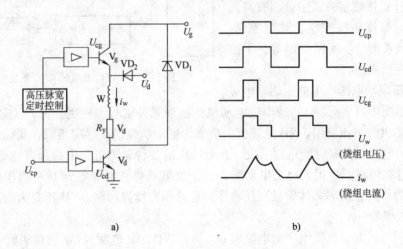

a)　　　　　　　　　　b)

图7-12　高压定时控制驱动电源
a）电路图　b）波形图

高压定时控制驱动电路的特点，是由于绕组通电时，先采用高压供电，提高了绕组的电流上升率。可通过调整$V_g$开通时间（由$U_{cg}$控制）来调整电流上冲值。高压脉宽不能太长，以免由于电流上冲值过大而损坏功率晶体管或引起电动机的低频振荡。在$V_d$截止时，绕组中续流的泄放回路为$W \to R_s \to VD_1 \to U_{g+} \to U_{g-} \to U_{d+} \to VD_2 \to W$。在泄放工程中，由于$U_g > U_d$，绕组上承受和开通时相反的电压，从而加速了泄放过程，使绕组电流脉冲有较陡的下降沿。由此可见，采用高低压供电的驱动电源，绕组电流的建立和消失都比较快，从而改善了步进电动机的高频性能。

## 7.2 直流伺服驱动装置

直流伺服电动机具有良好的起动、制动和调速特性，可以方便地在宽范围内实现平滑无级调速。尤其是 20 世纪 70 年代研制成功的大惯量宽调速直流伺服电动机具有许多优点，在数控机床中得到了广泛的应用。

直流伺服电动机的结构和一般直流电动机一样。它的励磁绕组和电枢绕组分别由两个独立的电源供电，通常采用电枢控制。直流电动机也有永磁式的（磁极是永久磁铁），当前有采用稀土钴或稀土钕铁硼等稀土永磁材料的。由于稀土永磁材料的矫顽磁力和剩磁感应强度值很高，永磁体很薄仍能提供足够的磁感应强度，因而使电动机的体积小，重量轻。永磁材料抗去磁能力强，使电动机不会因振动、冲击、多次拆装而退磁，提高了磁稳定性。

下面从直流电动机入手，分别讲述直流励磁伺服电动机、直流永磁伺服电动机的结构、工作原理和使用方法。

### 7.2.1 直流电动机的构成

直流电动机通常由磁极、电枢和换向器三个部分构成（见图 7-13）。

1. 直流电动机磁极　电动机由磁极产生磁场。磁极有极心和极掌两部分，在极心上配置励磁绕组，极掌使电动机空气隙中磁感应强度均匀分布，并用于挡住励磁绕组。磁极用硅钢片叠加而成，固定在机座上，机座用铸钢制成，它也是磁路的组成部分（见图 7-14）。

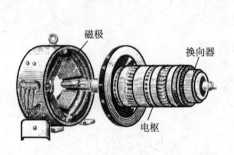

图 7-13　直流电动机的组成

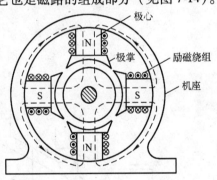

图 7-14　直流电动机的磁极及磁路

2. 直流电动机电枢　由电动机的电枢产生感应电动势和旋转。电枢铁心呈圆柱状，由硅钢片叠加而成，表面冲有槽，槽中放电枢绕组（见图 7-15）。

3. 直流电动机换向器　换向器是直流电动机的一种特殊装置，由楔形铜片组成，铜片间用云母垫片绝缘。换向铜片放置在套筒上，用压圈固定。换向器装在转轴上，电枢绕组的导线按规则与换向片连接，换向器的凸出部分用于焊接电枢。其外形如图 7-16 所示。

换向器是直流电动机的一种结构特征，在换向器的表面用弹簧压着固定的电刷，使转动的电枢绕组得以同外电路连接起来。

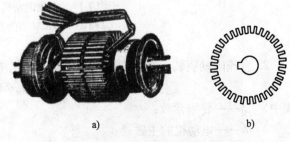

a)　　　　　　　　b)

图 7-15　直流电动机的电枢和铁心结构

a) 电枢结构　b) 铁心片结构

### 7.2.2 直流电动机的工作原理

1. 直流电动机的工作原理　直流电动机的工作原理图如图 7-17 所示。电刷 A 接直流电源的正极，电刷 B 接负极。电流 $I_a$ 总是从电刷 A 流入，经电枢绕组后由电刷 B 流出。由图可见，通有电流的两个有效边 ab 及 cd 在磁场中要受到电磁力的作用，其方向由左手定则确定。而且由电磁力所形成的电磁转矩将使电枢逆时针方向旋转。

当电枢绕组转过 180°时（见图 7-17b）。由于换向器作用，使线圈两个有效边 ab、cd 中的电流方向改变，即与图 7-17a 中 ab、cd 中的电流相反，从而保证了在两个磁极面下导体中的电流方向始终不变，故电磁转矩的方向也不变。这就使电枢继续朝同一方向（逆时针）旋转。可见，换向器的作用，一方面使直流电源提供的直流电流变换成电枢绕组中的交流电流；另一方面使同一极面下线圈有效边中的电流方向保持不变，以产生固定方向的电磁转矩，使电动机保持连续旋转。

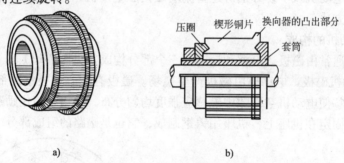

图 7-16　换向器结构

a）外形　b）剖面图

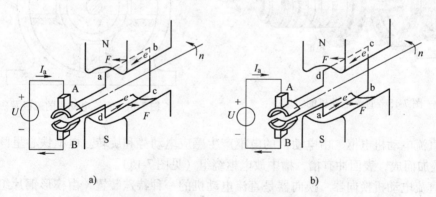

图 7-17　直流电动机工作原理图

a）线圈在初始位置　b）线圈转过 180°后

2. 直流电动机转矩平衡方程式　直流电动机电磁转矩 $T$ 按下式计算：

$$T = C_M \Phi I$$

式中　$C_M$——转矩常数；

　　　$\Phi$——电动机的主磁通；

　　　$I$——电动机的电枢电流。

对于永磁式直流伺服电动机，$C_M$ 和 $\Phi$ 都是常数，所以上式又可写成

$$T = K_M I$$

式中　$K_M = C_M \Phi$。

当电动机带着负载匀速旋转时，它的输出转矩必与负载转矩相等。但是，电动机本身具有机械摩擦（例如轴承的摩擦，电刷和换向器的摩擦等）和电枢铁心中的涡流、磁滞损耗都要引起阻转矩，此阻转矩用 $T_0$ 表示。这样，电动机的输出转矩 $T_r$ 就等于电磁转矩 $T$ 减去电动机本身的阻转矩 $T_0$，所以当电动机克服负载转矩 $T_L$ 匀速旋转时，有下面的平衡式：

$$T_r = T - T_0 = T_L$$

上式就是电磁转矩平衡方程式。如果把电动机本身的阻转矩和负载转矩合在一起叫做总阻转矩 $T_s$，即

$$T_s = T_0 + T_L$$

转矩平衡方程式可写成

$$T = T_s$$

它表示在稳态运行时，电动机的电磁转矩和电动机轴上的总阻转矩相互平衡。

在实际中，有些电动机经常运行在转速变化的情况下，例如起动、停转或反转，因此也必须考虑转速改变时的转矩平衡关系。当电动机的转速改变时，转动部分的转动惯量，将产生惯性转矩 $T_J$

$$T_J = J \frac{\mathrm{d}\omega}{\mathrm{d}t}$$

式中　$J$——负载和电动机转动部分的转动惯量；

　　　$\omega$——电动机的角速度。

电动机轴上的转矩平衡方程式为

$$T - T_s = J \frac{\mathrm{d}\omega}{\mathrm{d}t}$$

由上式可知，当电磁转矩 $T$ 大于总阻转矩 $T_s$ 时，表示电动机在加速；当电磁转矩 $T$ 小于 $T_s$ 时，表示电动机在减速。

3. 直流电动机电压平衡方程式　根据直流电动机的负载情况和转矩平衡方程式，可以确定电动机的电磁转矩的大小，但这时还不能确定电动机的转速。要确定电动机的转速仅仅利用转矩平衡方程式是不够的，还需要进一步从电动机内部的电磁规律以及电动机与外部的联系去寻找。

电流通过电枢绕组产生电磁力及电磁转矩，这仅仅是电磁现象的一个方面；另一方面，当电枢在电磁转矩的作用下一旦转动后，电枢导体还要切割磁力线，产生感应电动势。根据法拉第电磁感应定律可知：感应电动势的方向与电流方向相反，它有阻止电流流入电枢绕组的作用，因此电动机的感应电动势是一种反电动势。反电动 $E$ 的计算公式是

$$E = C_e \Phi n$$

式中　$C_e$——电势常数；

　　　$\Phi$——每极总磁通；

　　　$n$——电动机转速。

对于永磁式直流电动机，$C_e$ 和 $\Phi$ 都是常数，上式可写成

$$E = K_e n$$

电动机各个电量的方向，如图 7-18 所示。

外加电压为 $U$ 时有

$$U = E + IR_a$$

式中　$R_a$——电枢电阻。

上式就是直流电动机的电压平衡方程式。它说明：外加电压与反电势及电枢内阻压降平衡。或者说，外加电压一部分用来抵消反电动势，一部分消耗在电枢电阻上。

4. 电动机转速与转矩的关系　如果把 $E = C_e \Phi n$ 代入电压平衡方程式中，便可得出电枢电流 $I$ 的表达式：

$$I = \frac{U - C_e \Phi n}{R_a}$$

由上式可见，直流电动机和一般的直流电路不一样，它的电流不仅取决于外加电压和自身电阻，并且还取决于与转速成正比的反电动势（当 $\Phi$ 为常数），这点务必注意。

如果将电流用转矩表示并代入上式，经整理可得

$$n = \frac{U}{C_e \Phi} - \frac{R_a}{C_e C_M \Phi^2} T = n_0 - \Delta n$$

其中

$$n_0 = \frac{U}{C_e \Phi}$$

是 $T = 0$ 时的转速，实际上是不存在的，因为即使电动机轴上没有加机械负载，电动机的转矩也不可能为零，它还要平衡空载损耗转矩，所以通常将 $n_0$ 称为理想空载转速。

上式中

$$\Delta n = \frac{R_a}{C_e C_M \Phi^2} T$$

称为转速降。表明：当负载增加时，电动机的转速会下降，转速降是由电枢电阻 $R_a$ 引起的。由表达式可以看出，当负载增加时，$I$ 随着增加，于是使 $IR_a$ 增加，由于电源电压 $U$ 是一定的，使反电动势 $E$ 减小，即转速 $n$ 降低了。表示转速与转矩之间关系的表达式称为直流电动机的机械特性，其特性曲线如图 7-19 所示。

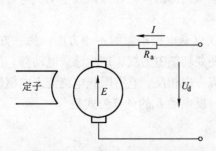

图 7-18　直流电动机中各电量的参考方向

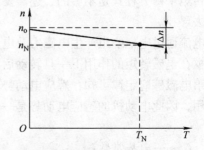

图 7-19　直流电动机的机械特性曲线

### 7.2.3　直流电动机的分类

直流电动机根据励磁绕组与电枢绕组的连接方式不同可分为他励、并励、串励和复励四

种（见图7-20）。

不同的励磁方式对应电动机的机械特性不一样。图7-20a为他励直流电动机，其励磁绕组由单独电源 $U_f$ 供电，与电枢电流 $I_a$ 和电源 $U_a$ 无关；图7-20b为并励直流电动机，其励磁绕组与电枢绕组并联；图7-20c为串励直流电动机，其励磁绕组与电枢绕组串联，励磁电流 $I_f$ 等于电枢电流 $I_a$；图7-20d为复励直流电动机，它既有并励绕组，又有串励绕组。

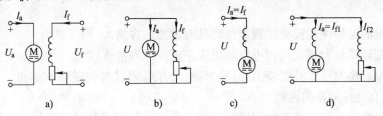

图7-20 直流电动机按励磁方式分类原理图

a）他励式 b）并励式 c）串励式 d）复励式

### 7.2.4 电磁式直流伺服电动机

电磁式直流伺服电动机是一种他励直流电动机，其励磁绕组和电枢绕组分别用两个独立的电源供电。通常将励磁绕组接在固定的直流电源 $U_f$ 上，而将控制信号电压 $U_a$（在数控机床中该电压来自数控系统）加在电枢绕组上进行调节控制（见图7-21）。

根据直流伺服电动机的转速公式：

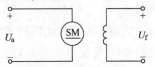

$$n = \frac{U}{C_e \Phi} - \frac{R_a}{C_e C_M \Phi^2} T$$

在磁通 $\Phi$ 不变且负载转矩一定时，电动机的转速与电枢两端所加电压 $U$ 成正比。因此改变直流伺服电动机电枢两端的控制电压 $U$ 可以改变它的转速，从而实现将控制电压的信号变换

图7-21 电磁式直流伺服电动机接线原理图

为相应的转速输出，这就是电磁式直流伺服电动机的调速。若改变控制电枢电压的极性，电动机将反转，这便是电磁式直流伺服电动机的换向。若电枢电流为零，电动机将停止转动。

直流电动机具有较好的线性机械特性，但结构复杂，换向器与电刷之间为滑动接触，工作稳定性差，并存在火花干扰。目前使用比较多的是永磁式直流电动机。

### 7.2.5 永磁式直流伺服电动机

1. 永磁直流伺服电动机的结构

永磁式直流电动机结构（见图7-22）。永磁式直流伺服电动机由三部分组成：机壳、定子磁极和转子电枢。它还具有一定的伺服特性和快速响应能力，在结构上往往与反馈部件做成一体。其定子磁极是个永久磁体，这种磁体一般采用铝镍钴合金、铁氧体、稀土钴等材料，它们的矫顽

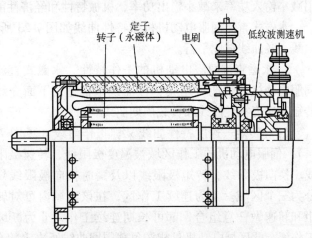

图7-22 永磁式直流宽调速电动机的基本结构

力很高，故可以产生极大的峰值转矩；而且在较高的磁通密度下保持性能稳定（即不出现退磁）。这种电动机的电枢铁心上槽数较多，采用斜槽，且在一个槽内分布有几个虚槽以减少转矩波动。

2. 永磁直流伺服电动机的特点

1）高性能的铁氧体具有大的矫顽力和足够的厚度，能承受高的峰值电流以满足快的加减速的要求。

2）大惯量的结构使在长期过载工作时具有大的热容量。

3）低速高转矩和大惯量结构可以与机床进给丝杠直接连接。

4）一般没有换向极和补偿绕组，通过仔细选择电刷材料和磁场的结构，使得在较大的加速度状态下有良好的换向性能。

5）在电动机轴上装有精密的测速发电机、旋转变压器或脉冲编码器，从而可以得到精密的速度和位置检测信号，以反馈到速度控制单元和位置控制单元。

3. 永磁式直流伺服电动机的工作原理　永磁式直流伺服电动机的工作原理与普通直流电动机相同。用永久磁铁代替普通直流电动机的励磁绕组和磁极铁心，在电动机气隙中建立主磁通，产生感应电动势和电磁转矩。

永磁式直流伺服电动机机械特性表达式为

$$n = \frac{U}{C_e \Phi} - \frac{R_d}{C_e C_m \Phi^2} T_d$$

式中，$n$ 是电动机转子的转速；$U$ 是电动机电枢回路外加的控制电压；$R_d$ 是电枢回路的电阻；$C_e$ 是反电动势系数；$C_m$ 是转矩系数；$\Phi$ 是气隙磁通量；$T_d$ 是电磁转矩。

4. 永磁式直流伺服电动机的调速　从上面的表达式可以看出，永磁式直流伺服电动机有以下三种调速方法：

1）改变电枢回路的电阻 $R_d$。

2）改变外加控制电压 $U$。

3）改变气隙磁通量 $\Phi$。

改变外加电压的调速性能可满足数控机床的需要，其特点是具有恒转矩的调速特性，利用减小输入功率来减小输出功率，机械特性和经济性能好。

永磁式直流伺服电动机机械特性曲线如图 7-23 所示。图中不同的电枢电压对应不同的曲线，各曲线彼此平行。

5. 永磁直流伺服电动机的工作特性　永磁式直流伺服电动机的性能可用其特性曲线来描述，下面介绍转矩—速度特性曲线和负载周期曲线。

（1）转矩—速度特性曲线又称工作曲线（见图 7-24）：伺服电动机的工作区域被温度极限线、转速极限线、换向极限线、转矩极限线以及瞬时换向极限线划分为三个区域。Ⅰ 为连续工作区，在该区域内可对转矩和转速做任意组合，都可长期连续工作；Ⅱ 为断续

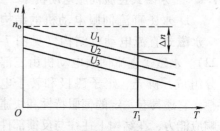

图 7-23　永磁式直流伺服电动
机机械特性曲线

工作区，此区域电动机只能按负载周期曲线所决定的允许工作时间和断电时间做间歇工作；Ⅲ 为加（减）速区域，电动机只能用做加（减）速工作一段极短的时间。

（2）负载周期曲线（见图7-25）：该曲线表示在满足机械所需转矩，而又确保电动机不过热的情况下，允许电动机工作的时间。因此，这些曲线是由电动机温度极限决定的。负载周期曲线的使用方法是：首先根据实际负载转矩的要求，求出电动机在该值下的过载倍数，即

$$T_{md} = \frac{负载转矩}{连续额定转矩}$$

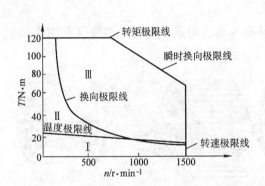

图7-24 永磁式直流伺服电动机的工作曲线

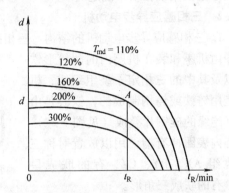

图7-25 永磁式直流伺服电动机负载周期曲线

然后在负载周期曲线的水平轴线上找到实际机械所需要的工作时间 $t_R$，并从该点向上作垂线，与所要求的 $T_{md}$ 曲线相交。再从该点作水平线，与垂线相交的点即为允许的负载工作周期比，即

$$d = \frac{t_R}{t_R + t_F}$$

式中，$t_R$ 是电动机的工作时间；$t_F$ 是电动机的断电时间。最后可求出最短的断电时间为

$$t_F = t_R \left( \frac{1}{d} - 1 \right)$$

## 7.3 交流伺服驱动装置

### 7.3.1 交流伺服电动机的分类

1. 异步型交流伺服电动机（IM） 异步交流伺服电动机指的是交流感应电动机，有三相和单相、笼型和线绕转子之分，通常多用笼型三相感应电动机，其结构简单，与同容量的直流电动机相比，重量约轻1/2，价格仅为直流电动机的1/3。缺点是不能经济地实现范围较广的平滑调速，必须从电网吸收滞后的励磁电流，因而会使电网功率因数变坏。笼型异步交流伺服电动机简称为异步型交流伺服电动机，用 IM 表示。

2. 同步型交流伺服电动机（SM） 同步型交流伺服电动机比感应电动机复杂，但比直流电动机简单。其定子与感应电动机一样，装有对称三相绕组。按不同的转子结构分电磁式及非电磁式两大类，而非电磁式又分磁滞式、永磁式和反应式多种。磁滞式和反应式同步电动机存在效率低、功率因数较差、制造容量不大等缺点。数控机床中多用永磁式同步电动机，优点是结构简单、运行可靠、效率较高；缺点是体积大，启动特性欠佳。

永磁式同步电动机，采用高剩磁感应、高矫顽力的稀土类磁铁后，比直流电动机外形尺寸小1/2，重量减轻60%，转子惯量减到直流电动机的1/5。它与异步电动机相比，由于采用永磁铁励磁，消除了励磁损耗及有关的杂散损耗，所以效率高。因为没有电磁式同步电动机所需的集电环和电刷等，其机械可靠性与感应（异步）电动机相同，而功率因素却大大高于异步电动机，从而使永磁同步电动机的体积比异步电动机小。这是因为在低速时，感应异步电动机由于功率因数低，输出同样有功功率时，它的视在功率却要大得多，而电动机主要尺寸是根据视在功率确定的。

### 7.3.2 三相感应异步电动机

**1. 三相感应异步电动机的结构**　三相感应异步电动机由定子和转子构成（见图7-26）。定子由机座和装在机座内的圆筒形铁心以及其中的三相定子绕组组成，机座是用铸铁或铸钢制成的，铁心是由相互绝缘的硅钢片叠成（见图7-27），铁心内表面冲有槽，用以放置对称三相绕组 AX、BY、CZ，有的联成星形，有的联成三角形。

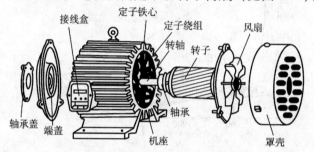

图 7-26　三相异步电动机的构造

三相异步电动机的转子根据构造上的不同分为笼型和绕线式两种结构形式。转子铁心是圆柱状，也用硅钢片叠加而成，表面冲有槽，铁心装在转轴上，轴上加机械负载。

笼型转子绕组做成鼠笼状（见图7-28）。就是在转子铁心的槽中放铜条，其两端用端环连接，或在槽中浇注铝液，铸成一笼型。

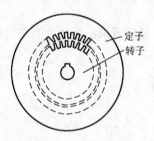

图 7-27　定子和转子铁心片

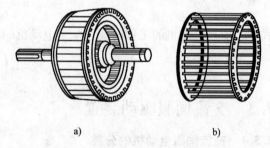

a)　　　　　　　　　b)

图 7-28　鼠笼及转子
a）鼠笼式绕组　b）转子外形

**2. 三相感应异步电动机的工作原理**　三相异步电动机定子铁心中放有三相对称绕组 AX、BY、CZ，如图7-29所示，设三相对称绕组接成星形，并与三相电源相连，绕组中便通入三相对称电流。

$$i_A = I_m \sin\omega t$$
$$i_B = I_m \sin(\omega t - 120°)$$
$$i_C = I_m \sin(\omega t + 120°)$$

当绕组中通入三相交流电时（见图7-30）。它们共同产生的合成磁场是随电流的交变而在空间不断旋转的，即产生了旋转磁场。

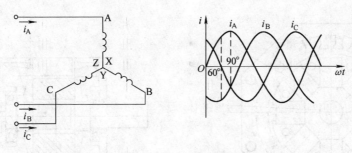

图 7-29 三相对称电流

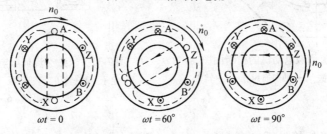

图 7-30 三相电流产生旋转磁场（$p=1$）

三相异步电动机转子转动原理（见图 7-31）。图中 N，S 表示两极旋转磁场，转子中只示出两根导条（铜或铝）。当旋转磁场向顺时针方向旋转时，其磁力线切割转子导条，导条中就感应出电动势。电动势的方向按右手定则确定。在这里应用右手定则时，可假设磁极不动，而转子导条向逆时针方向旋转切割磁力线，这与实际上磁极顺时针方向旋转时磁力线切割转子导条是相当的。

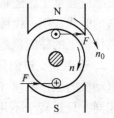

图 7-31 转子转动原理

在电动势的作用下，闭合的导条中就有电流。这电流与旋转磁场相互作用。而使转子导条受到电磁力 $F$。电磁力的方向可应用左手定则来确定。由电磁力产生电磁转矩，转子就转动起来。转子转动的方向和磁极旋转的方向相同（见图 7-31）。

三相感应异步电动机转子转速公式为

$$n = (1-s)n_0 = (1-s)\frac{60f_1}{p}$$

其中　　$s$——转差率；

　　　　$p$——磁极对数；

　　　　$f_1$——电源频率。

### 7.3.3 永磁交流伺服电动机

1. 永磁交流伺服电动机结构　　永磁式交流伺服电动机由定子、转子及检测元件三部分组成。永磁交流伺服电动机的横断面（见图 7-32），永磁交流伺服电动机的纵剖面（见图 7-33）。其中定子与普通感应电动机定子基本相同，为了使其散热方便，多是不用外壳，直接用定子叠片当做外壳。因此，定子外圈多采用多边形结构。转子是由转轴、转子铁心及永磁钢组成的。

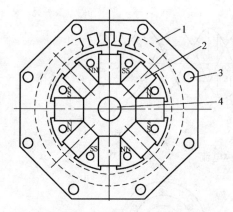

图 7-32　永磁交流伺服电动机的横断面图
1—定子　2—永久磁铁　3—轴向通风孔　4—转轴

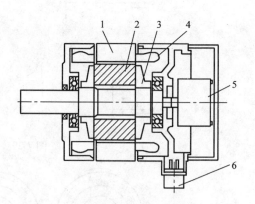

图 7-33　永磁交流伺服电动机的纵剖面
1—定子　2—转子　3—压板　4—定子三相绕组
5—脉冲编码器　6—出线盒

　　永磁材料最早是铝镍钴系永磁材料，这种材料制成的合金，磁性能还可以，但价格较贵，后来采用铁氧体，这种永磁材料比较便宜，制造工艺也比较简单，但性能稍差一些，这种材料广泛地应用在工业上。20 世纪 60 年代出现了稀土永磁合金，这种永磁合金，不论在剩磁感应强度上，还是矫顽磁力上都大大高于以前所有的永磁材料，这样就开始了稀土永磁材料的时代。第一代稀土 SmCo5，第二代稀土 Sm2Co17，第三代稀土是钕铁硼（Nd-Fe-B）。第三代稀土的磁能积是铁氧体的 12 倍，铝镍钴 5 类合金的 8 倍，而且价格又比较适中。

　　2. 永磁式交流伺服电动机工作原理　永磁式交流伺服电动机的工作原理（见图 7-34）。与同步电动机原理大致相同，只是转子不用去励磁了，而是利用永磁材料做成的剩余磁场。当定子通上三相交流电之后，定子上产生了一个旋转的磁场，这个旋转磁场在气隙内旋转，而转子是一个永久磁铁产生的磁场，这两个磁场相互吸引，这样，定子的旋转磁场就带动着转子永久磁铁的磁场旋转起来。转子的转速与定子的旋转磁场的转速相同，大小均为 $60f/p$，其中 $f$ 为电源的频率，$p$ 为定子绕组的磁极对数。因而这种电动机称为同步电动机。

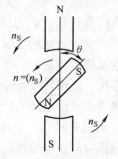

图 7-34　永磁交流伺服电动机工作原理图

　　当转子上加上负载以后，势必使转子向落后一个角度 $\theta$。通过理论上的分析，定子、转子的磁场轴线相重合时，其产生的电磁转矩为 0，当定子、转子磁场相差 $\theta$ 角之后，则产生的转矩大小正比于 $\theta$ 角的正弦。当 $\theta$ 角大于 90°时，转矩不再增大，而是减小，电动机开始失步。因此，$\theta$ 角的临界角度为 90°。

　　3. 永磁式交流伺服电动机启动性能　一般说交流同步电动机的起动性能不好，原因是起动时，转子处于静止状态，这样，定子通入三相交流电后，形成了旋转磁场，它的速度很快，当旋转磁场的 N 极、S 极分别快速经过转子磁极时，定子的磁极与转子的磁极相吸引或排斥，因此平均起动转矩为 0，再加上转子及其负载有一定转动惯量，因此转子跟不上定子旋转磁场的速度，所以起动有一定的困难。

工业上用交流同步电动机都是在转子磁极上加上一套起动绕组，即鼠笼条（见图7-35），启动工作原理（见图7-36）。当定子的三相绕组通入交流电后，产生旋转磁场，鼠笼条作切割磁力线运动，因而产生感应电动势及感应电流，用右手法则判断电流的方向。于是鼠笼条成为了一个通电导体，而这个导体又位于磁场中，所以会受到磁场力的作用，用左手法则判断受力方向。这个力便形成了转子的旋转力矩。此时转子的旋转速度 $n$ 小于但非常接近于定子旋转磁场的速度 $n_0$，这时将转子的励磁绕组通电而产生磁场，则转子即刻跟随定子旋转磁场以同样的速度旋转起来。即工业上用的交流同步电动机是以异步的方式起动的，正常工作后，鼠笼条不再起作用了。

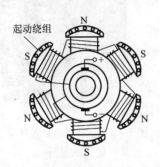
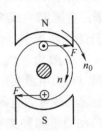

图7-35　交流同步电动机转子结构　　　　图7-36　同步电动机异步启动工作原理

而交流伺服电动机不可能采用这种结构。因此，交流永磁伺服电动机尽量降低其转子的转动惯量，或采用多极旋转（因为 $n_0 = 60f/p$），使起动时，电动机定子的旋转磁场的速度较小。另外还可以在速度控制单元中采取一定的措施，让伺服电动机先在低速下起动，然后再逐步地提高速度，直到所要求的速度。

4. 永磁式交流伺服电动机的机械性能　交流伺服电动机的性能也可以用转矩—速度特性曲线来表示（见图7-37）。

图中区域Ⅰ为连续工作区，Ⅱ为断续工作区。在连续工作区内，速度和转矩的任何组合都可连续工作，断续工作区的极限，一般受到电动机的供电电压的限制。

与直流伺服电动机相比，交流伺服电动机的机械特性更硬，断续工作区范围更大，尤其是在高速区域，这有利于提高电动机的加、减速能力。同时，交流伺服电动机具有高可靠性；它的转子惯量小，其结构允许高速工作；体积小，重量小，散热容易。

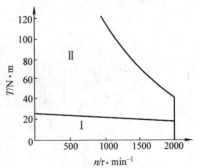

图7-37　交流伺服电动机的机械特性曲线

## 7.4　典型驱动装置及接口技术

### 7.4.1　进给驱动装置的接口

1. 进给驱动装置常见接口　数控机床进给驱动装置，根据来自 CNC 的指令，控制电动机运行，以满足数控机床的工作要求。进给驱动装置要有工作电源接口，接收 CNC 或其它设备指令接口，以及控制电动机运行的接口，这些都是最基本的接口（见图7-38）。

以步进电动机驱动器为例，标出最简单的进给驱动器接线（见图 7-39）。为了伺服系统的安全，进给驱动装置还提供工作状态信息和报警接口，有些进给驱动装置还提供了通信接口等。根据不同的伺服类型和功能的强弱，除了基本接口外，进给驱动装置的接口会相差很多，例如，交流伺服驱动装置一般比步进电动机驱动装置具有更丰富的接口。

2. 电源接口　进给驱动装置的电源，分为动力电源和逻辑电路电源，对于交流伺服进给驱动装置，还需要有控制电源。动力电源是进给驱动装置用于变换驱动电动机运行的电源；逻辑电路电源是进给驱动装置的开关量、模拟量等，逻辑接口电路工作或电平匹配所需的电源，一般为直流 24V，也有采用直流 12V 或 5V；控制电源是进给驱动装置自身的控制板卡、面板显示等内部电路工作用的电源，一般为单相，对于步进驱动装置，该部分电源与动力电源共用。

图 7-38　进给驱动装置基本接口示意图

习惯上进给驱动装置的电源是指其动力电源。进给驱动装置的动力电源种类很多，从三相交流 460V 到直流 24V 甚至更低，交流伺服驱动装置典型的供电方式是三相交流 200V。步进电动机驱动器，通常采用单相交流电源或直流电源，对于采用直流电源的步进电动机驱动装置，允许的电源电压的范围都比较宽，步进驱动装置一般不推荐使用稳压电源和开关电源。伺服驱动装置的电源允许在额定值的 15% 的范围内变化，例如，对于采用三相交流 200V 的伺服驱动装置，允许电源电压的范围是 200 ~ 230V。

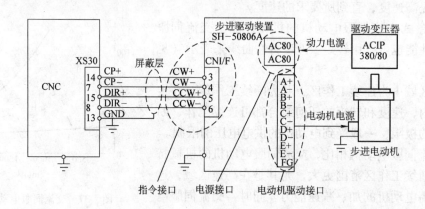

图 7-39　进给驱动装置的基本接口（以 SH-50806A 五相步进驱动器为例）

使用交流电源的进给驱动装置一般由隔离变压器供电，以提高抗干扰能力和减小对其它设备的干扰，有时还需要增加电抗器以减小电动机起/停时对电源和电源控制器件的冲击，电源干扰较强时还要增加高压瓷片电容、磁环、低通滤波器等。进给驱动装置典型的供电线路如图 7-40 所示。

另外交流伺服驱动装置内部分为电源模块部分和控制模块部分，有些交流伺服驱动模块这两部分是集成在一起的，有些则采用分离的方式，即几个控制模块（有些产品还包括主轴控制模块）共用一个电源模块，此时也称控制模块为进给驱动装置，这种方式对于坐标轴数较多的数控设备（如铣床）要经济些。根据电源模块和电动机功率的不同，一个电源模块可以连接 1~5 个控制模块（见图 7-41）。

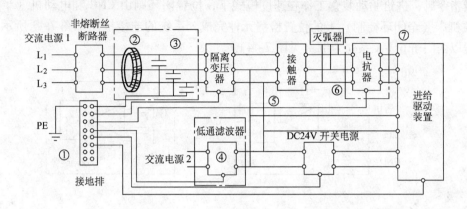

图 7-40　进给驱动装置电源供电示意图

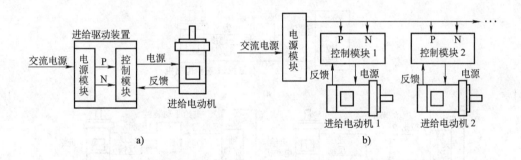

图 7-41　进给驱动装置电源与控制模块的关系
a）集成式　b）分离式

电源接口一般采用端子接线的形式。关于电源接口，有以下要求：

1）整机必须可靠接地，接地电阻小于 4Ω，在控制柜内最近的位置接入 PE 接地排，各器件应单独接到接地排上；接地排采用不低于 3mm 厚的铜板制作，保证良好接触和导通。

2）各线在磁环上绕 3~5 圈。

3）电源线进入变压器的每相对地接高压（2000V）瓷片电容，可非常明显地减少电源线进入的干扰（脉冲、浪涌）。

4）采用低通滤波器，减少工频电源上的高频干扰信号。

5）进给驱动装置的控制电源可以由另外的隔离变压器供电也可以从伺服变压器取一相电源供电（注意，在接触器前端）。

6）大电感负载（交流接触器线圈、接触器直接控制起/停的三相异步电动机、交流电磁阀线圈等）要采用 RC（灭弧器）吸收高压反电动势，抑制干扰信号。

7）使用电抗器，降低电流谐波对设备的影响。

3. 指令接口　进给驱动装置一般采用脉冲接口或模拟量接口作为指令接口，有些还提供通信和总线的方式作为指令接口。

（1）模拟量指令接口（见图7-42）：模拟量指令一般用于交流伺服进给驱动装置。采用模拟量指令时，进给驱动装置工作在速度模式下，位置闭环则由 CNC 和电动机（半闭环控制）或机床（全闭环控制）上的位置检测元件完成，系统的连接框图如图7-43所示，半闭环连线以西门子 61l-A 系列为例（见图7-44）。

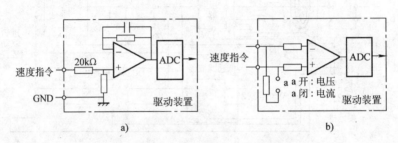

图7-42　模拟指令输入接口原理图
a）单极性电压　b）双极性电压/电流可设定

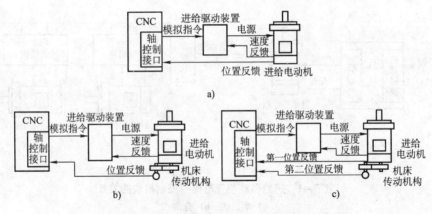

图7-43　采用模拟量指令接口的数控装置连接框图
a）半闭环　b）全闭环　c）混合闭环

模拟量指令可分为模拟电压指令和模拟电流指令两种，模拟量指令输入接口原理（见图7-42），一般电压指令的范围是：-10~10V；电流指令的范围是：-20~20mA。电压指令在远距离传输是衰减比较明显，因此，若驱动装置两种指令可选，则推荐使用或设定模拟电流指令接口。

（2）脉冲指令接口：脉冲指令接口原来只用于步进驱动装置。目前，市场销售的通用交流伺服驱动装置一般也都采用或提供脉冲指令接口，接口电路原理如图7-45所示。外部输入电路信号源有长线驱动和集电极开路两种形式。

采用脉冲指令接口时，伺服驱动装置一般工作在位置半闭环控制模式下，速度环和位置环的控制都由伺服驱动装置完成。位置信息由伺服驱动装置反馈给 CNC 做监控用，CNC 也可以不读取位置反馈信息，此时与控制步进电动机进给驱动装置相同。

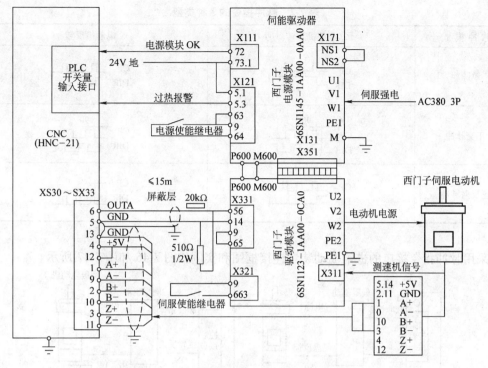

图 7-44 模拟接口进给驱动装置连线示意图

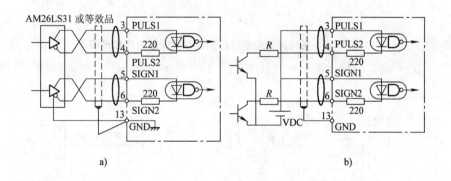

图 7-45 脉冲指令接口电路原理图

a）长线驱动器信号源 b）集电极开路信号源

脉冲指令接口有 3 种类型：单脉冲（脉冲 + 方向）方式，正交脉冲方式，双脉冲方式。步进电动机驱动装置一般只提供单脉冲方式，伺服驱动装置则三种方式都提供。假设 CP、DIR 为驱动装置的脉冲指令接口，则不同的工作模式 CP、DIR 的含义见表 7-2。

关于表 7-2，有以下几点说明：

1）单脉冲：CP 为脉冲信号，DIR 为方向信号。

2）正交脉冲：CP 与 DIR 的相位差为脉冲信号，CP 与 DIR 的相位超前和落后关系决定电动机的旋转方向。

3）正反向脉冲：CP 为正转脉冲信号，DIR 为反转脉冲信号。

表 7-2　脉冲指令的 3 种类型

| 脉冲模式 | 电动机正转 | 电动机反转 |
|---|---|---|
| 单脉冲 | CP ⊓⊓⊓<br>DIR ___⎺⎺⎺ | CP ⊓⊓⊓<br>DIR ⎺⎺⎺___ |
| 正交脉冲 | 90°→⊢<br>CP ⊓⎍⎍⎍<br>DIR ⎍⎍⎍ | 90°→⊢<br>CP ⊓⎍⎍⎍<br>DIR ⎍⎍⎍ |
| 正反向脉冲 | CP ⊓⊓⊓<br>DIR | CP ⊓⊓<br>DIR ⊓⊓ |

采用脉冲指令接口的进给驱动装置连接框图和实例如图 7-46 和图 7-47 所示。

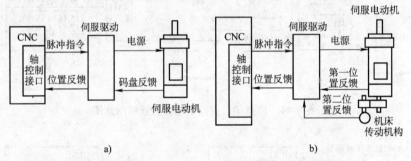

a)　　　　　　　　　　　　　　　　　b)

图 7-46　采用脉冲指令接口的伺服驱动装置连接框图

a) 半闭环　b) 闭环

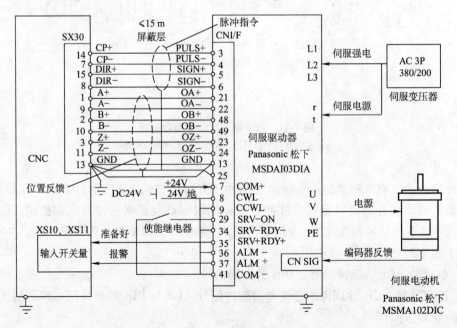

图 7-47　脉冲指令接口伺服驱动装置连线图实例

（3）通信指令接口：在图 7-47 中，可看到 CNC 通过内置式 PLC 的输入开关量接口，读到进给驱动装置"准备好"和"报警"两种状态，若需要获得具体报警内容等更多的信息，则需要占用更多的 PLC 输入接口。为了简化系统连线，增加 CNC 对进给驱动系统的管理功能，以及其它一些特殊功能，有些进给驱动装置，提供了通信指令接口及相应的编程说明。常用通信指令接口有 RS232、RS422、RS485 等类型，采用该方式控制进给驱动装置时，在数控装置和进给驱动装置之间，只要一根通信线即可完成对进给驱动装置的所有控制，并获得其所有工作信息，系统连接框图如图 7-48 所示。

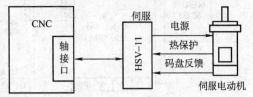

图 7-48　采用通信指令接口
进给驱动装置连接框图

连接伺服驱动的一个实例如图 7-49 所示。通过 RS232 接口和数控装置，可以控制驱动装置运行，还可以获得驱动装置工作状态信息，电动机实际位置反馈，所有的报警信息，在数控装置侧可获得进给驱动装置的所有信息，而连线仅是一根 3 芯的屏蔽电缆。

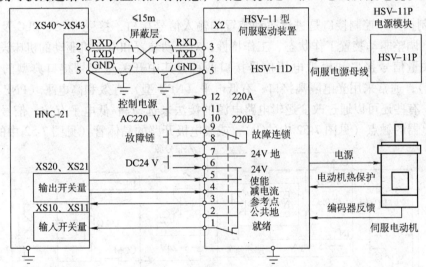

图 7-49　采用通信指令接口控制的进给驱动装置的连线实例

（4）总线式指令接口：上述方式中的进给驱动装置，都需要占用一个通信接口，而总线式指令接口采用串联方式连接，在数控装置侧只需一个总线接口即可，接线更加简单。总线指令接口有 PROFIBUS 总线、CAN 总线等，进给驱动装置与 CNC 的连接框图，以西门子 1FK 电动机及其进给驱动器为例，采用 PROFIBUS 总线如图 7-50 和图 7-51 所示。

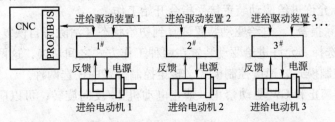

图 7-50　采用总线指令接口进给驱动装置连线框图

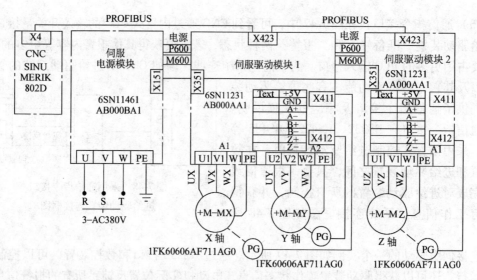

图 7-51 采用总线指令接口控制的进给驱动装置连线实例

4. 控制接口 控制接口是进给驱动装置的输入信号接口，接受 CNC、PLC 及其它设备控制指令，调整驱动装置工作状态、工作特性，对驱动装置和电动机驱动的机床设备进行保护。有开关量信号接口和模拟电压信号接口两种，其中开关量信号接口典型的电路原理（见图 7-52），通常采用光电隔离接口，有低电平（NPN 型）有效和高电平（PNP 型）有效两种形式，有些还可以通过改变逻辑电路电源的接法来选择高/低电平有效。信号源一般是开关、继电器的触点（见图 7-52 中的①），或集电极开路的晶体管（见图 7-52 中的②）。

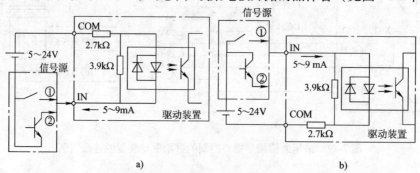

图 7-52 控制（输入）接口原理示意图
a) NPN 接口 b) PNP 接口

控制接口常用的信号如下：

1）伺服 ON。允许进给驱动装置接受指令开始工作。

2）复位（清除报警）。进给驱动装置恢复到初始状态（清除可自恢复性故障报警）。

3）控制方式选择。允许进给驱动装置在两种工作方式之间切换，这两种工作方式可以通过参数在位置控制模式、速度控制模式、转矩控制模式中任选两种。

4）CCW 驱动禁止和 CW 驱动禁止。禁止电动机正/反向旋转，可以应用于机床的限位保护功能。

5）CCW 转矩限制输入（0～10V）和 CW 转矩限制输入（0～-10V）。限制电动机正/反转输出转矩，由模拟电压值确定转矩限制值，模拟电压输入接口电路原理如图 7-53 所示。

在进给驱动装置内，可以通过参数对控制接口的各位信号做如下设定：

1）设定某位控制接口信号是否有效。

2）设定某位控制接口信号是常闭有效还是常开有效。

3）修改某位控制接口信号的含义。

因此这些接口又称为多功能输入接口。

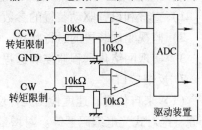

图 7-53　模拟电压输入接口原理图

5. 状态与安全报警接口　状态与安全报警接口对进给驱动装置而言是输出信号接口，用于通知 CNC、PLC 以及其它设备驱动装置目前的工作状态。常用状态与安全报警接口有集电极开路输出、无源触点输出和模拟电压输出三种，典型的电路原理如图 7-54 所示。信号源一般是接触器和继电器的控制线圈，连接这些感性负载时注意接保护电路（交流感性负载采用并接 RC 浪涌抑制器，直流感性负载采用并接续流二极管）。

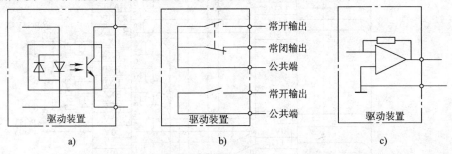

图 7-54　状态与安全报警输出接口原理示意图

a）集电极开路输出不高于 DC48V、不大于 50mA　b）无源触点输出 AC25V，1A 以下、DC30V，1A 以下　c）模拟电压输出 DC-9～9V 输出阻抗 1kΩ

状态与安全报警接口常用的信号如下：

1）伺服准备好：驱动正常工作。

2）伺服报警、故障：驱动、电动机有报警，不能工作。

3）位置到达：位置指令完成。

4）零速检出：电动机速度为 0。

5）速度到达：速度指令完成。

以上 5 种信号通常采用图 7-54a 中的方式输出，对于报警信号还可能采用图 7-54b 中的方式输出。

6）速度监视：以与电动机速度线性对应的关系输出模拟电压。

7）转矩监视：以与电动机转矩线性对应的关系输出模拟电压。

以上信号通常采用的输出方式如图 7-54c 所示。

有些驱动装置的状态与安全报警接口的有效性和含义也可以通过参数设定，因此，这些接口又称为多功能输出接口。

6. 通信接口　在交流伺服驱动装置上，通信接口主要用于高级调试和控制功能，常用的通信接口有 RS232、RS422、RS485、以太网接口以及厂家自定义的接口（如外部调试盒）等。利用通信接口可以实现如下功能：

1）查看和设置驱动装置的参数和运行模式。

2）监视驱动装置的运行状态，包括端子状态、电流波形、电压波形、速度波形等。

3）实现网络化远程监控和远程调试功能。

7. 反馈接口

（1）来自位置、速度检测元件反馈接口：检测元件有增量式光电编码器、旋转变压器、光栅、绝对式光电编码器等。对增量式光电编码器、旋转变压器和光栅用直接连接方式，进给驱动装置提供检测元件电源电压为 5V，额定电流小于 500mA，超过此电流值或距离太远，应采用外置电源；绝对式光电编码器则采用通信的方式，进给驱动装置还需增加有后备电源接口，电源电压为 3.6V（见图 7-55）。有闭环功能的驱动装置具备两个反馈输入接口，例如驱动装置分别采用电动机上的绝对式编码器和机床上的光栅，构成混合闭环控制。

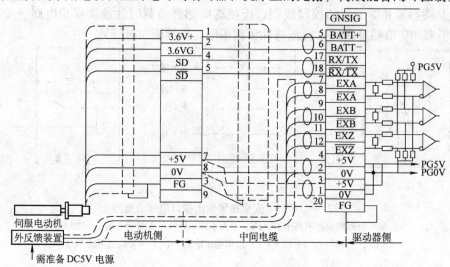

图 7-55　绝对式光电编码器的应用

来自检测元件的反馈输入接口原理图如图 7-56 所示。

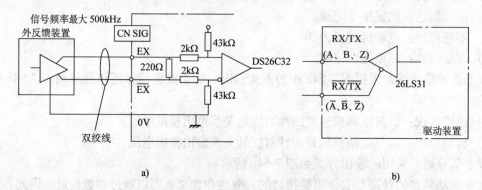

图 7-56　位置/速度检测元件反馈接口电路原理图

a）增量式光电编码器　b）绝对式光电编码器

（2）输出到 CNC 的位置反馈接口：将来自检测元件的信号分频或倍频后，用长线驱动器（差分）电路输出。输出到 CNC 的位置反馈输出接口的电路原理如图 7-57 所示。

8. 电动机电源接口　电动机电源接口一般采用端子的形式，小功率的电动机也会采用插接件的形式。伺服电动机一般输出线号是 U、V、W；步进电动机一般是 A、A－、B、B－（两相电动机），A、A－、B、B－、C、C－（三相电动机），A、B、C、D、E（五相电动机）等。

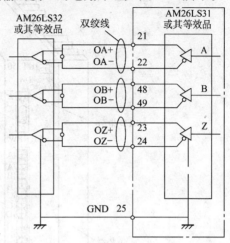

图 7-57　位置反馈输出接口电路原理图

有些步进电动机为了适应用户不同应用的需要，电动机还提供串/并联的选择，一般应用于两相步进电动机。以 57HS 电动机为例，两相步进电动机的绕组出线不是通常的两组，而是四组：A、A－、B、B－、C、C－、D、D，电动机的串/并联接线法如图 7-58 所示。

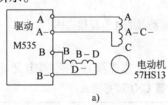
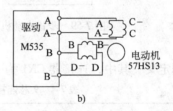

图 7-58　两相步进电动机的串/并联接线图
a）串联　b）并联

串联连接力矩大些，但高速特性要差一些；并联连接低速转矩特性要差一些，但高速特性要好一些。注意：并联连接要适当增加驱动装置的输出电流。

## 7.4.2　典型步进电动机驱动装置

1. 步进电动机接线端子定义　各生产厂家的步进电动机驱动器虽然标准不统一，但其接口定义基本相同，只要了解接口中接线端子、标准接口及拨动开关的定义和使用，即可利用驱动器构成步进电动机控制系统。下面具体介绍上海开通数控有限公司 KT350 系列混合式步进电动机驱动器及其应用。

步进电动机驱动器的外形及接口如图 7-59 所示。其接线端子的定义见表 7-3。

表 7-3　步进电动机驱动器接线端子定义

| 端子记号 | 名　称 | 意　义 | 线　径 |
|---|---|---|---|
| $A、\overline{A}、B、\overline{B}、C、\overline{C}、D、\overline{D}、E、\overline{E}$ | 电动机端子 | 接至电动机相应各相 | $\geqslant 1\,mm^2$ |
| AC | 电源进线 | 交流电源80V(1±15%) | $\geqslant 1\,mm^2$ |
| G | 接地 | 接大地 | $\geqslant 0.75\,mm^2$ |

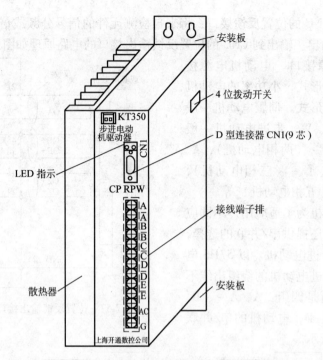

图 7-59　步进电动机驱动器的外形及接口图

**2. CN1 管脚定义**　其中，连接器 CN1 为一个 9 芯连接器，各脚定义见表7-4。

表 7-4　9 芯连接器 CN1 脚号定义

| 脚号 | 记　号 | 名　称 | 意　义 | 线径 |
|------|--------|--------|--------|------|
| CN1-1<br>CN1-2 | $\dfrac{F/H}{\overline{F/H}}$ | 整步/半步控制端(输入信号) | $F/H$ 与 $\overline{F/H}$ 间电压为 4~5V 时：整步步距角 0.7°/P<br>$F/H$ 与 $\overline{F/H}$ 间电压为 0~0.5V 时：半步步距角 0.36°/P | |
| CN1-3<br>CN1-4 | $\dfrac{CP}{\overline{CP}}\left(\dfrac{CW}{\overline{CW}}\right)$ | 正/反转运行脉冲信号(或正转脉冲信号)(输入信号) | 单脉冲方式时，正、反转运行脉冲($CP/\overline{CP}$)信号；双脉冲时，正转脉冲($CW/\overline{CW}$)信号 | |
| CN1-5<br>CN1-6 | $\dfrac{DIR}{\overline{DIR}}\left(\dfrac{CCW}{\overline{CCW}}\right)$ | 正、反转运行方向信号(或反转脉冲信号)(输入信号) | 单脉冲方式时，正、反转运行方向($DIR/\overline{DIR}$)信号；双脉冲方式时，反转脉冲($CCW/\overline{CCW}$)信号 | 0.15mm²<br>以上 |
| CN1-7 | RDY | 控制回路正常(输出信号) | 当控制电源、回路正常时，输出低电平信号 | |
| CN1-8 | COM | 输出信号公共点 | RDY、ZERO 输出信号的公共点 | |
| CN1-9 | ZERO | 电气循环原点(输出信号) | 半步运行时，第20拍送出一电气循环原点。整步运行时，第10拍送出一电气循环原点，原点信号为低电平信号 | |

3. 拨动开关定义　拨动开关 SW 是一个四位开关如图 7-60 所示。通过拨动开关可设置步进电动机的控制方式，四位的定义如下：

1）第一位。脉冲控制模式的选择。OFF 位置为单脉冲控制方式，ON 位置为双脉冲控制方式。在单脉冲控制方式下，CP 端子输入正、反转运行脉冲信号，而 DIR 端子输入正、反转运行方向信号。在双脉冲控制方式下，CW 端子输入正转运行脉冲信号，而 CCW 端子输入反转运行脉冲信号。

图 7-60　四位拨动开关 SW

2）第二位。运行方向的选择（仅在单脉冲控制方式时有效）。OFF 位置为标准设定，ON 位置为单方向运转，与 OFF 位置转向相反，不受正、反转方向信号的影响。

3）第三位。整/半步运行模式选择。OFF 位置时，电动机以半步方式运行；ON 位置时，电动机以整步方式运行。

4）第四位。自动试机运行。OFF 位置时，驱动器接受外部脉冲控制运行；ON 位置时，自动试机运行，此时电动机以 50r/min 速度（半步控制）自动运行，或以 100r/min 速度（整步控制）自动运行，而不需要外部脉冲输入。

由此可知，该步进电动机驱动装置主要是通过拨动开关控制，来设置步进电动机的控制方式，而控制步进电动机的信号主要是通过 D 型连接器 CN1 输入。

4. 指示灯　在驱动器面板上还有两个 LED 指示灯，PWR 和 CP。

（1）PWR：驱动器电源指示灯，驱动器通电时亮。

（2）CP：电动机运行时闪烁，其闪烁频率等于电气循环原点信号的频率。

5. 步进电动机驱动装置典型接线（见图 7-61）

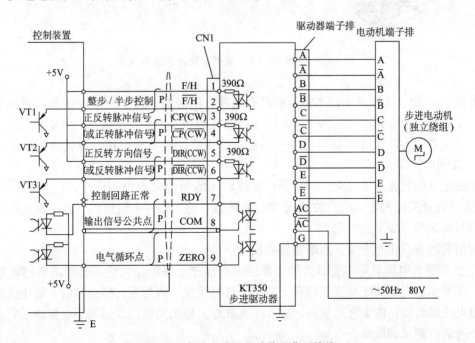

图 7-61　步进电动机驱动装置典型接线

### 7.4.3 变频电动机驱动装置

1. 变频器系统的组成　随着数字控制的 SPWM 变频调速系统的发展，采用通用变频器控制的数控机床主轴驱动装置越来越多。所谓"通用"，一是可以和通用的笼型异步电动机配套应用；二是具有多种可供选择的功能，应用于不同性质的负载。

三菱 FR-A500 系列变频器的系统组成及接口定义如图 7-62 所示。

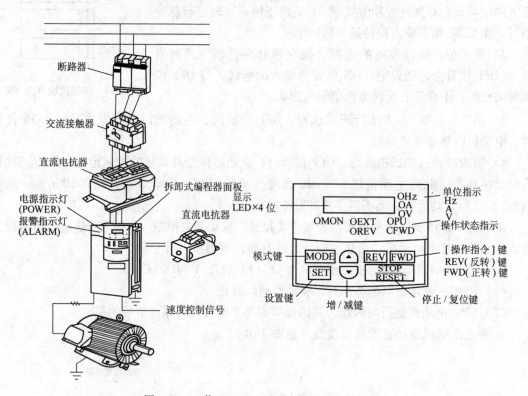

图 7-62　三菱 FR-A500 系列变频器系统的构成

在图 7-62 中，为了减小输入电流的高次谐波，电源侧采用了交流电抗器，直流电抗器则是用于功率因数校正，有时为了减小电动机的振动和噪声，在变频器和电动机之间还可加入降噪电抗器。为防止变频器对周围控制设备的干扰，必要时可在电源侧选用无线电干扰（REI）抑制电抗器。

该变频器的速度是通过 2、5 端 CNC 系统输入的模拟速度控制信号，以及 RH、RM 和 RL 端由拨码开关编码输入的开关量或 CNC 系统数字输入信号来设定的，可实现电动机从最低速到最高速的三级变速控制。

应用变频器应注意安全，并掌握参数设置。

2. 变频器的电源显示　变频器的电源显示也称充电显示，它除了表明是否已经接上电源外，还显示了直流高压滤波电容器上的充、放电状况。因为在切断电源后，高压滤波电容器的放电速度较慢，由于电压较高，对人体有危险。每次关机后，必须等电源显示完全熄灭后，方可进行调试和维修。

3. 变频器的参数设置　变频器和主轴电动机配用时，根据主轴加工的特性和要求，必须先进行参数设置，如加减速时间等。设定的方法是通过编程器上的键盘和数码管显示，进行参数输入和修改。

1）首先按下模式转换开关，使变频器进入编程模式。

2）按数字键或数字增减键（△键和▽键），选择需进行预置的功能码。

3）按读出键或设定键，读出该功能的原设定数据（或数据码）。

4）如需修改，则通过数字键或数字增减键来修改设定数据。

5）按写入键或设定键，将修改后的数据写入。

6）如预置尚未结束，则转入第二步，进行其它功能设定。如预置完成，则按模式选择键，使变频器进入运行模式，就可以起动电动机了。

4. 变频器接口定义（见图 7-63）

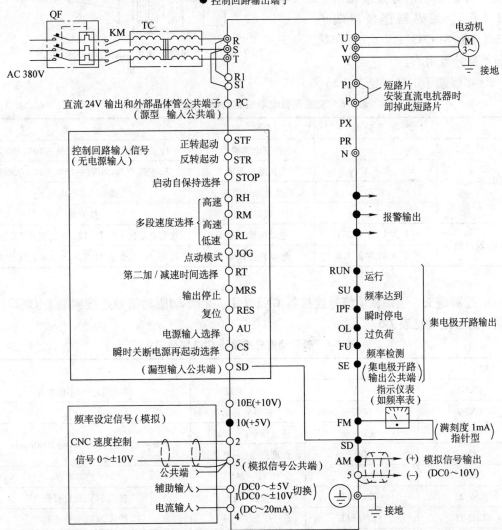

图 7-63　三菱 FR-A500 系列变频器系统接口定义

#### 7.4.4 交流伺服电动机驱动装置

1. 典型交流伺服电动机驱动装置组成　下面介绍上海开通公司数控有限公司 KT220 系列交流伺服电动机驱动装置的结构。KT220 系列交流伺服电动机驱动装置为双轴驱动模块，即在一个驱动模块内含有两个驱动器，可以同时驱动两个交流伺服电动机，其外形和接口如图 7-64 所示。

由图 7-64 可见，交流伺服电动机驱动模块面板由左侧的接线端子排、I 轴驱动信号连接器 CN2（I）、II 轴驱动信号连接器端子 CN2（II）、编码器连接器端子 CN3（I）和 CN3（II）、工作状态显示部分等组成。

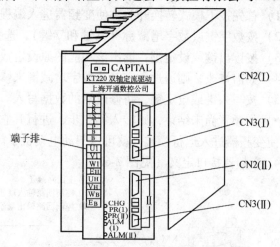

图 7-64　交流伺服电动机驱动模块外形和接口

2. 接线端子定义（见表 7-5）。

表 7-5　交流伺服电动机驱动模块接线端子定义

| | 端子记号 | 名　称 | 意　义 |
|---|---|---|---|
| TB1 输入侧 | r、s | 控制电源端子 | 1φ 交流电源 220V（−15% ~ 10%）50Hz |
| | R、S、T | 主回路电源端子 | 3φ 交流电源 220V（−15% ~ 10%）50Hz |
| | P、B | 再生放电电阻端子 | 接外部放电电阻 |
| | E | 接地端子 | 接大地 |
| TB2 输出侧 | UI、VI、WI、EI | 电动机接线端子 | 接到电动机 I 的 T1、T2、T3 三相进线及接地 |
| | UII、VII、WII、EII | 电动机接线端子 | 接到电动机 II 的 T1、T2、T3 三相进线及接地 |

3. 管脚定义　I 轴驱动信号连接器 CN2（I）和 II 轴驱动信号连接器端子 CN2（II）相同，脚号定义见表 7-6。

表 7-6　轴驱动信号连接器 CN2 脚号定义

| 脚　号 | 记　号 | 名　称 | 意　义 |
|---|---|---|---|
| CN2-1 | −5V | −5V 电源 | 调试用，用户不能使用 |
| CN2-2 | GND | 信号公共端 | |
| CN2-7 | + DIFF | 速度指令（+ 差动） | 0 ~ ±10V 对应于 0 ~ ±2000r/min |
| CN2-19 | − DIFF | 速度指令（− 差动） | |
| CN2-22 | BCOM | 0V（−24V） | 24V 的参考点 |
| CN2-23 | − ENABLE | 负使能（输入） | 接入 24V，允许反转 |
| CN2-11 | + ENABLE | | 接入 24V，允许正转 |
| CN2-8 | TORMO | 转距监测（输出） | 输出与电动机转距成比例的电压（±2V 对应于 ± 最大转矩） |

（续）

| 脚　号 | 记　号 | 名　称 | 意　义 |
|---|---|---|---|
| CN2-20 | VOMO | 转速监测（输出） | 输出与电动机转速成比例的电压<br>（±2V 对应于 ±最大转速） |
| CN2-21 | GND | 监测公共点 | |
| CN2-18 | $\overline{z}$ | $\overline{z}$ 相信号（输出） | 编码脉冲输出（线驱动方式） |
| CN2-5 | Z | Z 相信号（输出） | |
| CN2-17 | $\overline{B}$ | $\overline{B}$ 相信号（输出） | |
| CN2-4 | B | B 相信号（输出） | |
| CN2-16 | $\overline{A}$ | $\overline{A}$ 相信号（输出） | |
| CN2-3 | A | A 相信号（输出） | |
| CN2-6 | GND | 信号公共端 | |
| CN2-14 | E | 接地端子 | 用于屏蔽线接地 |
| CN2-24 | PR | 驱动使能（输入） | 接24V,允许电动机运行 |
| CN2-13 | RCOM | 伺服准备好公共端 | 集电极开路输出 |
| CN2-12 | READY | 伺服准备好（输出） | 正常时,输出三极管射极、集电极导通 |
| CN2-15 | +5V | 5V 电源 | 调试用,用户不能使用 |

表7-6 中各信号说明如下：

（1）速度指令信号 ±DIFF（CN2-7、CN2-19）：速度指令信号范围为 0 ~ ±10V，对应电动机转速 0 ~ ±2000r/min（最大转速），当 +DIFF 输入电压相对于 −DIFF 为正电压时，电动机正转（从负载端看为反时针方向），否则电动机反转。

（2）驱动控制信号 PR（CN2-24）：驱动控制信号 PR 为 24V 时，驱动模块工作，速度指令电压有效；若驱动控制信号 PR 在电动机运转时断开，电动机将自由运转直至停止。

（3）正控制信号 +ENABLE（CN2-11）和负控制信号 −ENABLE（CN2-23）：正控制信号 +ENABLE 和负控制信号 −ENABLE 与 24V 接通后，允许电动机正转或反转。正控制信号 +ENABLE 或负控制信号 −ENABLE 又可用作正向和反向限位开关的常闭触点，一旦被断开，那么正转或反转转矩指令即为零，此时电动机立即停止转动。

（4）伺服准备好信号 READY（CN2-12）：当开机正常，驱动器输出伺服准备好信号。

4. 编码器管连接器脚定义　各轴编码器连接器端子 CN3（Ⅰ）和 CN3（Ⅱ）脚号定义见表7-7。

**表7-7　各轴编码器连接器端子 CN3 脚号定义**

| 脚　号 | 记　号 | 名　称 | 编码器连接器端子 |
|---|---|---|---|
| CN3-1 | Z | Z 相信号 | C |
| CN3-2 | $\overline{B}$ | $\overline{B}$ 相信号 | I |
| CN3-3 | B | B 相信号 | B |
| CN3-4 | $\overline{A}$ | $\overline{A}$ 相信号 | H |
| CN3-5 | A | A 相信号 | A |
| CN3-6 | $\overline{z}$ | $\overline{z}$ 相信号 | J |
| CN3-7 | GND | 信号公共端(0V) | F |
| CN3-8 | 5V | +5V 电源 | D |
| CN3-9 | E | 接线端子,接屏蔽线 | G |

5. 驱动器与编码器连接方式（见图7-65）。

6. 伺服驱动装置与数控系统、交流伺服电动机连线（见图7-66）。

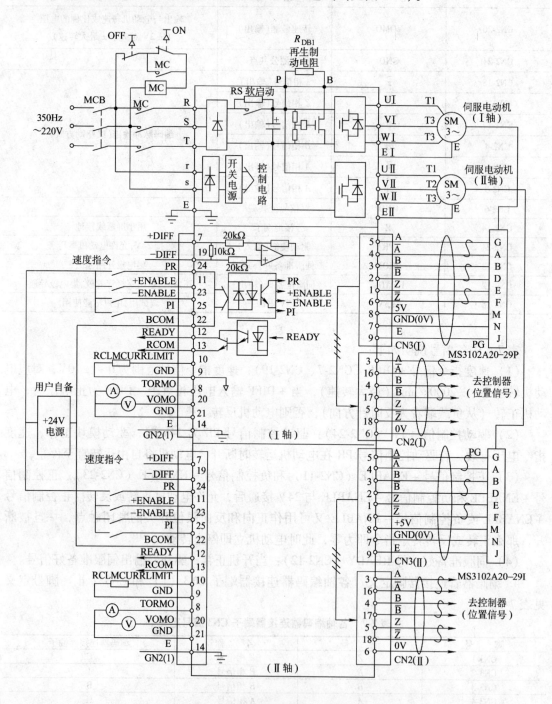

图 7-65  驱动器与编码器连接方式

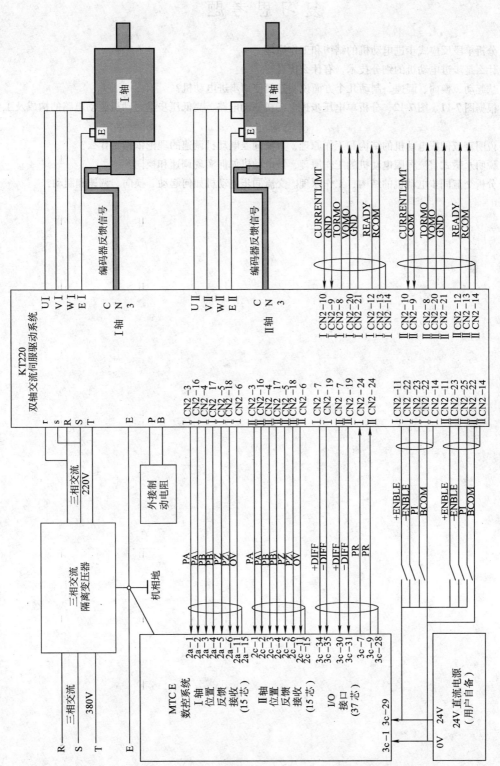

图 7-66　交流伺服电动机、伺服驱动模块和数控系统的典型连接

# 复习思考题

1. 分析单段反应式步进电动机的结构和工作原理。

2. 什么是步进电动机的细分技术,有什么优点?

3. 从起动、换向、调速、制动几个方面说明如何使用步进电动机?

4. 根据图7-11、图7-12,分析单电压步进电动机驱动电路、高低压步进电动机驱动电路的构成及工作原理。

5. 说明直流伺服电动机的结构和工作原理,直流伺服电动机调速的理论依据是什么?

6. 说明永磁式直流伺服电动机的工作原理,该电动机如何实现调速和换向?

7. 分析交流同步电动机的结构、工作原理。交流同步电动机如何起动、换向、调速和制动?

# 第8章　数控机床的典型机构

## 8.1　数控机床的主传动系统

### 8.1.1　数控机床主传动的特点

主轴转速高，功率大，能进行大功率切削和高速切削，实现高效率加工。主轴转数的变换迅速、可靠，能自动无级变速，使切削工作始终在最佳状态下进行。为实现刀具的快速或自动装卸，主轴上设计有刀具自动装卸，主轴定向停止和主轴孔内的切屑清除装置。

### 8.1.2　主轴变速方式

1. 主轴无级变速方式　数控机床通常采用直流或交流伺服电动机实现主轴无级变速。交流主轴电动机及交流变频驱动装置（笼型感应交流电动机配置矢量变换变频调速系统），由于不需要电刷，故不产生电火花，使用寿命长，使用性能达到直流驱动系统水平，而且噪声有所降低。因此，目前应用得较为广泛。

主轴功率、转矩和转速间的关系如图 8-1 所示。当机床处于连续运转状态时，主轴转速在 437~3500r/min 范围，传递电动机全部功率 11kW，称为主轴的恒功率区域 Ⅱ（实线）。在这个区域内，主轴最大输出转矩（245N·m）随转速升高而变小。主轴转速在 35~437r/min 范围，主轴输出转矩不变，称为主轴的恒转矩区域 Ⅰ（实线）。在这个区域内，主轴能传递的功率随转速降低而减小。图中虚线所示为电动机超载（允许超载30min）时的恒定功率区域和恒定转矩区域。电动机的超载功率为15kW，超载的最大输出转矩为334N·m。

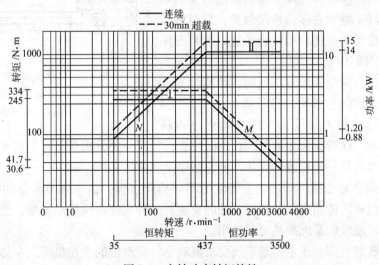

图 8-1　主轴功率转矩特性

2. 主轴分段无级变速方式　数控机床在实际生产中，并不需要在整个变速范围内均为恒定功率。而是要求在中、高速段为恒功率传动，在低速段为恒转矩传动。为保证数控机床的主轴低速时有较大转矩，以及主轴的变速范围尽可能大，可在数控机床交流或直流电动机无级变速基础上，配以齿轮变速机构，使之成为分段无级变速（见图8-2a）。

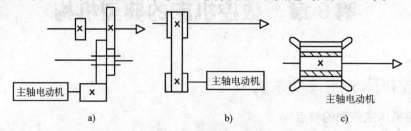

图8-2 数控机床主传动配置方式

a）齿轮变速 b）带传动变速 c）电主轴变速

在带有齿轮变速的分段无级变速系统中，主轴正转与反转、起动与停止，以及制动功能由电动机实现，主轴变速则由电动机无级变速，与齿轮有级变速相配合来实现。通常采用液压拨叉和电磁离合器变速方式。

（1）液压拨叉变速机构（见图8-3）：将滑移齿轮拨叉安装在液压缸活塞杆上，用两个液压缸不同的加压和卸压组合，使三联滑移齿轮获得三个不同的啮合位置。

当液压缸5卸压，液压缸1加压时，活塞杆2带动拨叉3向左移动到极限位置，带动三联齿轮滑移到左端啮合位置，行程开关发出信号（见图8-3a）。

当液压缸5加压，液压缸1卸压时，活塞杆2和套筒4一起向右移动，套筒4碰到液压缸5的端部之后，活塞杆2继续右移到极限位置，此时的三联滑移齿轮被拨叉3移到右端啮合位置，行程开关发出信号（见图8-3b）。

当同时给左右两个液压缸加压时，由于活塞杆2两端直径不同而向左移动，当活塞杆靠上套筒4右端时，由于活塞杆左端受力大于右端而不再移

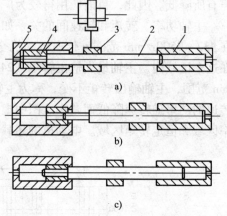

图8-3 三位液压拨叉作用原理图

1、5—液压缸 2—活塞杆
3—拨叉 4—套筒

动，这时拨叉和三联滑移齿轮被限制在中间位置，行程开关发出信号（见图8-3c）。

液压拨叉变速是一种有效的方法，但它需要配置液压系统。

（2）电磁离合器变速：传动轴上齿轮的不同啮合过程，由电磁离合器的吸合和分离来控制，以改变齿轮的传动路线，实现主轴的变速。这种变速机构简单方便，便于实现自动化控制与操作，有现成的系统产品可供选用。

对于小型数控机床，或主传动系统要求振动小、噪声低的数控机床，主传动通常采用带传动（见图8-2b），如J1PrimusCNC数控车床和XH754型加工中心主轴。传动带有平带、V带和齿带，以及多楔带等。

### 8.1.3 主轴的支承与润滑

数控机床主轴的支承配置主要有以下三种形式（见图8-4）：

第一种：前支承采用圆锥孔双列圆柱滚子轴承和60°角接触球轴承组合，后支承采用成对角接触球轴承（见图8-4a）。这种配置形式使主轴的综合刚度得到大幅度提高，可以满足强力切削的要求，普遍应用于各类数控机床的主轴。

第二种：前轴承采用高精度双列（或三列）角接触球轴承，后支承采用单列（或双列）角接触球轴承（见图8-4b）。角接触球轴承具有较好的高速性能，主轴最高转速可达4000r/min，但这种轴承的承载能力小，因而适用于高速、轻载和精密的数控机床主轴。

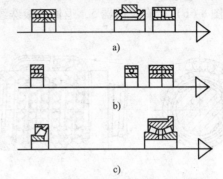

图8-4　数控机床主轴轴承配置形式

第三种：前后轴承分别采用双列和单列圆锥滚子轴承（见图8-4c）。这种轴承径向和轴向刚度高，能承受重载荷，尤其能承受较大的动载荷，安装与调试性能好，但这种轴承配置形式限制了主轴的最高转速和精度，故适用于中等精度、低速与重载的数控机床主轴。

TND360型数控车床主轴部件结构（见图8-5）。其主轴为空心主轴，内孔用于通过长的棒料，直径可达60mm，也可用于通过气动、液压夹紧装置。主轴前端的短圆锥面及其端面用于安装夹盘或拨盘。主轴支承配置形式采用上述第二种，前后支承都采用角接触球轴承。

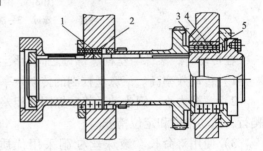

图8-5　TND360型车床主轴

1、2—后支承角接触球轴承

3、4、5—前支承角接触球轴承

前轴承三个一组，4、5大口朝向主轴前端，3大口朝向主轴后端。前轴承的内外圈轴向由轴肩和箱体孔的台阶固定，以承受轴向负荷。后轴承1、2小口相对，只承受径向载荷，并由后压套进行预紧。前后轴承都由轴承厂配好，成套供应，装配时不需修配。

数控车床主轴轴承润滑可采用油脂润滑，迷宫式密封。也可采用集中强制型润滑，为保证润滑的可靠性，常装有压力继电器作为失压报警装置。

# 8.2　数控机床的进给传动系统

## 8.2.1　进给传动系统的机构要求

数控机床进给系统的机械传动机构，就是将电动机旋转运动传递给工作台或刀架，以实现进给运动的整个机械传动链，包括齿轮传动副、丝杠螺母副及其支承件等。为确保数控机床进给系统的传动精度、灵敏度和工作稳定性，进给传动机构的设计要求，就是要消除传动间隙，减少摩擦，减少运动惯量，提高传动精度和刚度。

## 8.2.2　滚珠丝杠螺母副

1. 滚珠丝杠螺母副的特点　滚珠丝杠结构如图8-6所示。滚珠丝杆螺母副能将回转运动转换成为直线运动，在丝杠和螺母上加工有弧形螺旋槽，当把它们套装在一起时形成螺旋通道，滚道内填满滚珠。当丝杠相对于螺母旋转时，两者发生轴向位移，滚珠沿着滚道流动，按照滚珠返回的方式不同可以分为内循环式和外循环式两种方式。外循环式（见图8-6a）

螺母旋转槽的两端由回珠管 4 连接起来，返回的滚珠不与丝杠外圆相接触，滚珠可以作周而复始的循环运动，管道的两端可起到挡珠的作用，以避免滚珠沿滚道滑出。内循环方式（见图 8-6b）带有反向器 5，返回的滚珠经过反向器和丝杠外圆之间返回。

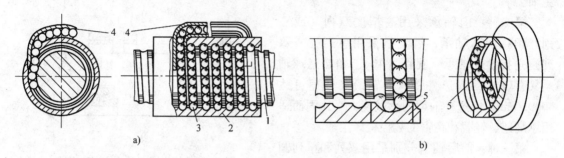

图 8-6　滚珠丝杠的结构

1—丝杆　2—螺母　3—滚珠　4—回珠管　5—反向器

在传动时，滚珠与丝杠、螺母之间为滚动摩擦，因此具有以下许多优点：

1）传动效率高。滚珠丝杠副的传动效率可达 92% ~ 98%，是普通丝杠传动的 2 ~ 4 倍。

2）摩擦力小。因为动、静摩擦因数相差小，因而传动灵敏，运动平稳、低速不易产生爬行，随动精度和定位精度高。

3）使用寿命长。滚珠丝杠副采用优质合金制成，其滚道表面淬火硬度高达 60 ~ 62HRC，表面粗糙度值小，故磨损很小。

4）经预紧后可以消除轴向间隙，提高系统的刚度。

5）反向运动时无空行程，可以提高轴向运动精度。

滚珠丝杠副广泛应用于各类中、小型数控机床的直线进给系统。但也有如下缺点：

1）制造成本高。

2）不能实现自锁。由于其摩擦因数小而不能自锁，当运用于垂直位置时，为防止突然停断电而造成主轴箱下滑，必须要装有制动装置。

2. 滚珠丝杠螺母副间隙的调整　为了保证滚珠丝杠反向传动精度和轴向刚度，必须消除滚珠丝杠螺母副轴向间隙。消除间隙的方法常采用双螺母结构，利用两个螺母的相对轴向位移，使两个滚珠螺母中的滚珠分别贴紧在螺旋滚道的两个相反的侧面上。用这种方法预紧消除轴向间隙时，应注意预紧力不宜过大，预紧力过大会使空载力矩增加，从而降低传动效率，缩短使用寿命。常用的双螺母丝杠消除间隙方法有：

（1）双螺母垫片调隙式（见图 8-7）：通过调整垫片厚度，使左右两螺母产生轴向位移，即可消除间隙和产生预紧力。这种方法结构简单，刚性好，但调整不便，滚道有磨损时不能随时消

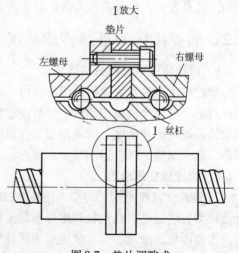

图 8-7　垫片调隙式

除间隙和进行预紧。

（2）双螺母螺纹调隙式（见图8-8）：右螺母4外端有凸缘，而另一个螺母1外端没有凸缘而是制有螺纹，并用两个圆螺母2、3固定，用平键限制螺母在螺母座内转动。调整时，只要拧动圆螺母3，即可消除间隙并产生预紧力，然后用螺母2锁紧。这种调整方法结构简单、工作可靠、调整方便，但预紧量不是很准确。

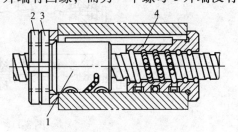

图8-8　螺纹调隙式

1—螺母　2、3—圆螺母　4—带凸缘螺母

（3）双螺母齿差调隙式（见图8-9）：在两个螺母的凸缘上都制有圆柱外齿轮，分别与固紧在套筒两端的内齿圈相啮合，其齿数分别为 $z_1$ 和 $z_2$，并相差一个齿。调整时，先取下内齿圈，让两个螺母相对于套筒同方向都转动一个齿，然后再插入内齿圈，则两个螺母便产生相对角位移，其轴向位移量 $S = (1/z_1 - 1/z_2)Ph$。例如，$z_1 = 81$，$z_2 = 80$，滚珠丝杠的导程为 $Ph = 6\mathrm{mm}$ 时，$S = 6/6480 \approx 0.001\mathrm{mm}$。这种调整方法能精确调整预紧量，调整方便、可靠，但结构尺寸较大，多用于高精度的传动。

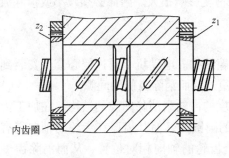

图8-9　齿差调隙式

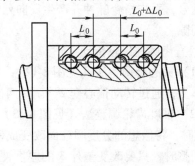

图8-10　单螺母变螺距式

（4）单螺母变位螺距预加负荷（见图8-10）：在滚珠螺母体内的两列循环珠链之间，使内螺纹滚道在轴向产生一个 $\Delta L_0$ 的导程突变量，从而使两列滚珠在轴向错位实现预紧。这种调隙方法结构简单，但负荷量须预先设定且不能改变。

**3. 滚珠丝杠的支承方式**　滚珠丝杠的支承和螺母座的刚性、以及与机床的连接刚性，对进给系统的传动精度影响很大。为了提高丝杠的轴向承载能力，采用高刚度的推力轴承支承，当轴向载荷很小时，也可用向心推力轴承。其支承方式有下列几种：

（1）一端装推力轴承，另一端自由（见图8-11a）：此种支承方式的轴向刚度低，承载能力小，只适用于短丝杠。如数控机床的调整环节或升降台式数控铣床的垂直进给轴等。

（2）一端装推力轴承，另一端装向心轴承（见图8-11b）：此种方式可用于丝杠较长的情况。为了减少丝杠热变形的影响，热源应远离推力轴承一端。

（3）两端装推力轴承（见图8-11c）：两个方向的推力轴承分别装在丝杠两端，若施加预紧力，可以提高丝杠轴向传动刚度，但此支承方式对丝杠的热变形敏感。

（4）两端均装双向推力轴承（见图8-11d）：丝杠两端均采用双向推力轴承、向心轴承或向心推力球轴承，可以施加预紧力，可使丝杠的热变形转化为推力轴承的预紧力。此支承方式适用于刚度和位移精度要求高的场合，但是结构复杂。

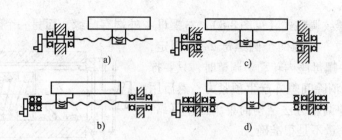

图 8-11　滚珠丝杠的支承方式

a）一端装推力轴承，另一端自由　b）一端装推力轴承，另一端装向心轴承

c）两端装推力轴承　d）两端均装双向推力轴承

### 8.2.3　进给系统齿轮间隙的消除

数控机床进给系统中的减速齿轮除了本身要求很高的运动精度和工作平稳性以外，还应尽可能消除传动齿轮副间的传动间隙。否则，齿侧间隙会造成进给系统每次反向运动滞后于指令信号，丢失指令脉冲并产生反向死区，对加工精度影响很大。因此必须减小或消除齿轮传动间隙。

1. 直齿圆柱齿轮传动

（1）偏心套调整法（见图 8-12）：为偏心套消隙结构。电动机 1 通过偏心套 2 安装到机床壳体上，通过转动偏心套 2，调整两齿轮的中心距，从而消除齿侧的间隙。

（2）锥度齿轮调整法（见图 8-13）：为带有锥度的齿轮来消除间隙的结构。在加工齿轮 1 和 2 时，将假想的分度圆柱面改变成带有小锥度的圆锥面，使其齿厚在齿轮的轴向稍有变化。调整时，只要改变垫片 3 的厚度便能调整两个齿轮的轴向相对位置，从而消除齿侧间隙。

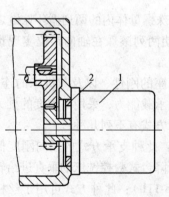

图 8-12　偏心套式消除间隙结构

1—电动机　2—偏心套

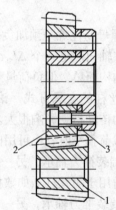

图 8-13　锥度齿轮的消除间隙结构

1、2—齿轮　3—垫片

以上两种方法的特点是结构简单，能传递较大转矩，传动刚度较好，但齿侧间隙调整后不能自动补偿，故称为刚性调整法。

（3）双片齿轮错齿调整法（见图 8-14a）：双片齿轮周向可调弹簧错齿消隙结构。两个相同齿数的薄齿轮 1 和 2 与另一个宽齿轮啮合，两薄齿轮可相对回转。在两个薄齿轮 1 和 2

的端面均匀分布着四个螺孔，分别装上凸耳 3 和 8。薄齿轮 1 的端面还有另外四个通孔，凸耳可以在其中穿过，弹簧 4 的两端分别钩在凸耳 3 和调节螺钉 7 上。通过螺母 5 调节弹簧 4 的拉力，调节完后用螺母 6 锁紧。弹簧的拉力使薄齿轮错位，即两个薄齿轮的左右齿面分别贴在宽齿轮齿槽的左右齿面上，从而消除了齿侧间隙。

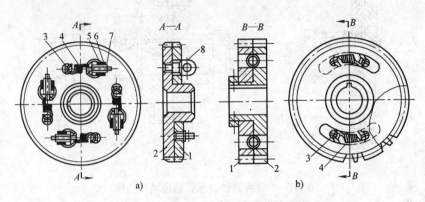

图 8-14　双片齿轮周向弹簧错齿消隙结构
1、2—薄齿轮　3、8—短柱或凸耳　4—弹簧　5、6—螺母　7—螺钉

另一种双片齿轮周向弹簧错齿消隙结构（见图 8-14b）。两片薄齿轮 1 和 2 套装一起，每片齿轮各开有两条周向通槽，在齿轮的端面上装有短柱 3，用来安装弹簧 4。装配时使齿轮的左右面贴紧，以消除齿侧间隙。

双片齿轮错齿法调整间隙，在齿轮传动时，无论正向和反向旋转分别只有一片齿轮承受转矩，因此承载能力受到限制，并且弹簧的拉力要足以能克服最大转矩，否则起不到消除间隙作用。这种结构装配好后齿侧间隙能自动消除，始终保持无间隙啮合，故称为柔性调整法，适用于负荷不大的传动装置中。

2. 斜齿圆柱齿轮传动

（1）轴向垫片调整法（见图 8-15）：斜齿轮垫片错齿消隙结构，宽齿轮 4 同时与两个相同薄齿轮 1 和 2 啮合，薄齿轮由平键和轴联接，互相不能相对回转。斜齿轮 1 和 2 的齿形拼装后一起加工，并与键槽保持确定的相对位置。加工时在两薄片齿轮之间装入已知厚度为 δ 的垫片 3。装配时，若改变垫片 3 厚度，使薄片齿轮 1 和 2 的螺旋线产生错位，其左右两齿面分别与宽齿轮 4 的齿贴紧，消除间隙。垫片厚度的增减量 $\Delta\delta$ 与齿侧间隙 $\Delta$ 和螺旋角 $\beta$ 之间有如下关系

$$\Delta\delta = \Delta\cot\beta$$

垫片厚度一般由测试法确定，往往要经过几次修磨。这种结构的齿轮承载能力较小，且不能自动补偿消除间隙。

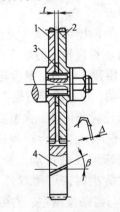

图 8-15　斜齿轮垫片错齿消隙结构
1、2—薄斜齿轮　3—垫片　4—宽齿轮

（2）轴向压簧调整法（见图 8-16）：斜齿轮轴向压簧错齿消隙结构。该结构消隙原理与

轴向垫片调整法相似，所不同的是利用齿轮2右面的弹簧压力使两个薄齿轮的左、右齿面分别与宽齿轮的左右齿面贴紧，以消除齿侧间隙。图8-16a采用的是压簧，图8-16b采用的是碟形弹簧。

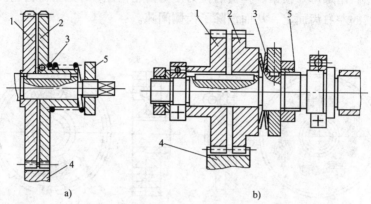

图8-16　斜齿轮轴向压簧错齿消隙结构
1、2—薄斜齿轮　3—弹簧　4—宽齿轮　5—螺母

弹簧3的压力可利用螺母5来调整，压力的大小要调整合适，压力过大会加快齿轮磨损，压力过小达不到消隙作用。这种结构齿轮间隙能自动消除，始终保持无间隙的啮合，但结构轴向尺寸较大，适合于负载较小的场合。

3. 锥齿轮传动

（1）周向压簧调整（见图8-17）：将大锥齿轮加工成1和2两部分，齿轮的外圈1开有三个圆弧槽8，内圈2的端面带有三个凸爪4，套装在圆弧槽内。弹簧6的两端分别顶在凸爪4和镶块7上，使内外齿圈1、2的锥齿错位与小锥齿轮啮合达到消除间隙的作用，螺钉5将内外齿圈相对固定是为了安装方便，安装完毕后即刻卸去。

（2）轴向压簧调整（见图8-18）：锥齿轮1、2啮合。锥齿轮1的轴5上有压簧3，用螺母4调整压簧3弹力。锥齿轮1在弹力作用下沿轴向移动，可消除锥齿轮1和2间隙。

4. 齿轮齿条传动　大型数控机床（如大型数控龙门铣床）工作台行程长，其进给运动不宜采用滚珠丝杠副传动，一般用齿轮齿条传动。当载荷小时，可用双片薄齿轮错齿调整法，分别与齿条齿槽左、右侧贴紧，从而消除齿侧隙。

当载荷大时，采用径向加载法消除间隙。如图8-19所示，两个小齿轮1和6分别与齿条

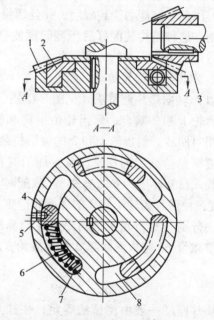

图8-17　周向压簧调整
1—锥齿轮的外圈　2—锥齿轮的内圈　3—小锥齿轮
4—凸爪　5—螺钉　6—弹簧　7—镶块　8—圆弧槽

7 啮合，并用加载装置 4 在齿轮 3 上预加负载，于是齿轮 3 使啮合的大齿轮 2 和 5 向外伸开，与其同轴上的齿轮 1、6 也同时向外伸开，与齿条 7 上齿槽的左、右两侧相应贴紧而无间隙。齿轮 3 由液压马达直接驱动。

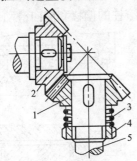 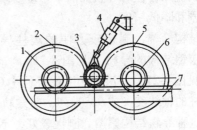

图 8-18　轴向压簧调整　　　　　　图 8-19　齿轮齿条传动的齿侧隙消除
1、2—锥齿轮　3—压簧　4—螺母　5—轴　　　1、2、3、5、6—齿轮　4—加载装置　7—齿条

## 8.3　数控机床导轨

### 8.3.1　对导轨的基本要求

　　导轨的功用即为导向和支承，也就是支承运动部件（如刀架、工作台等）并保证运动部件在外力作用下能准确沿着规定方向运动。导轨的精度及其性能对机床加工精度，承载能力等有着重要影响。所以，数控机床导轨应具有较高导向精度、良好摩擦特性和良好的精度保持性。此外，导轨还要结构简单，工艺性好，便于加工、装配、调整和维修。数控机床常用的导轨按其接触面间摩擦性质的不同，可分为三类；滚动导轨、塑料导轨、静压导轨。

### 8.3.2　机床滚动导轨

　　1. 滚动导轨的特点　滚动导轨是在工作面间放入滚珠、滚柱或滚针等滚动体，使导轨为滚动摩擦。滚动导轨摩擦因数小（$\mu = 0.0025 \sim 0.005$），动静摩擦因数很接近，且不受运动速度变化影响，因而运动轻便灵活，所需驱动功率小；摩擦发热少，磨损小，精度保持性好；低速运动时不易出现爬行现象，定位精度高；滚动导轨可以通过预紧来提高刚度。适用于要求移动部件运动平稳、灵敏，以及实现精密定位的场合，在数控机床上得到了广泛的应用。

　　滚动导轨的缺点是结构较复杂、制造较困难、成本较高。此外，滚动导轨对脏物较敏感，必须要有良好的防护装置。

　　2. 滚动导轨的结构类型

　　（1）滚珠导轨　图 8-20 所示是两种结构形式的滚珠导轨。这种导轨结构紧凑，制造容

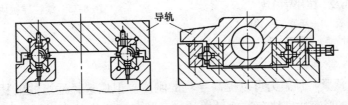

图 8-20　滚珠导轨

易，成本较低，但由于是点接触，因而刚度低、承载能力较小。适用于载荷较小（小于2000N）、切削力矩和颠覆力矩都较小的机床。导轨用淬硬钢制成，淬硬至 60~62HRC。

（2）滚柱导轨（见图 8-21）：这种导轨的承载能力和刚度都比滚珠导轨大，适用于载荷较大的机床，但对导轨面的平行度要求较高，否则会引起滚柱的偏移和侧向滑动，使导轨磨损加剧和降低精度。

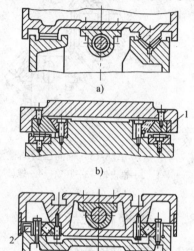

结构简单，制造较方便的滚柱导轨（见图 8-21a），采用镶钢结构的导轨（见图 8-21b）。十字交叉短滚柱导轨（见图 8-21c），滚柱长度比直径小 0.15~0.25mm，相邻滚柱的轴线交叉成 90°排列，使导轨能承受任意方向的力。这种导轨结构紧凑，刚性较好，不易引起振动，但制造较困难。

（3）滚针导轨：滚针比滚柱的长径比大，由于直径尺寸小，故结构紧凑；与滚柱导轨相比，可在同样长度上排列更多的滚针，因而承载能力大，但摩擦也要大一些。适用于尺寸受限制的场合。

（4）直线滚动导轨块（副）组件：近年来数控机床越来越多地采用了由专业厂生产制造的直线滚动导轨块或导轨副组件。该种导轨组件本身制造精度很高，对机床的安装基面要求不高，安装、调整都非常方便，现已有多种形式和规格的导轨块或导轨副组件可供使用。

图 8-21　滚柱导轨
1—镶块　2—短滚柱

滚柱导轨块组件（见图 8-22）。其特点是刚度高、承载能力大，导轨行程不受限制。当运动部件移动时，滚柱 3 在支承部件的导轨与本体 6 之间滚动，同时绕本体 6 循环滚动。每一导轨上使用导轨块的数量可根据导轨的长度和负载的大小决定。滚柱导轨块在机床上的安装实例如图 8-23 所示。

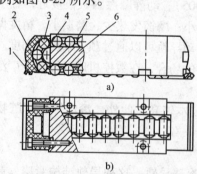

图 8-22　滚柱导轨块
1—防护板　2—端盖　3—滚柱
4—导向片　5—保持架　6—本体

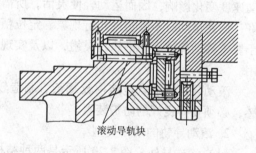

滚动导轨块

图 8-23　滚柱导轨块的安装

**3. 滚动导轨预紧**　预紧力可以提高导轨的刚度。但应选择适当的预紧力，否则会使牵引力显著增加。矩形滚柱导轨和滚珠导轨的过盈量与牵引力的关系如图 8-24 所示。通常有以下两种预紧方法：

（1）采用过盈配合（见图 8-25a）：在装配导轨时，根据滚动件的实际尺寸量出相应的尺寸 $A$，然后再刮研压板与溜板的接合面，或在其间加一垫片，改变垫片的厚度，由此形成包容尺寸 $A-\delta$（$\delta$ 为过盈量）。过盈量的大小可以通过实际测量来决定。

（2）采用调整元件实现预紧（见图 8-25b）：拧侧面螺钉 3，即可调整导轨体 1 及 2 的位置而预加负载，也可用斜镶条来调整，此时，过盈量沿导轨全长上分布比较均匀。

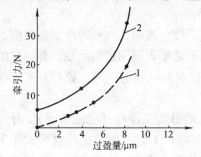
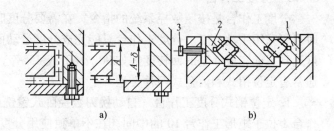

图 8-24　滚动导轨的过盈量与牵引力的关系
1—矩形滚柱导轨　2—滚珠导轨

图 8-25　滚动导轨的预紧方式
1、2—导轨体　3—侧面螺钉

### 8.3.3　机床塑料导轨

如果数控机床加工零件时经常受到变化的切削力作用，或当传动装置存在间隙或刚性不足时，过小的摩擦力反而容易产生振动。此时，可采用滑动导轨副，以改善系统阻尼特性。为进一步减少导轨的磨损和提高运动性能，近年来又出现了两种新型塑料滑动导轨。

1. 贴塑导轨　贴塑导轨就是在与床身导轨相配的滑座导轨上粘接上静动摩擦因数基本相同，耐磨、吸振的塑料软带。塑料软带材料是以聚四氟乙烯为基体，加入青铜粉、二硫化钼和石墨等填充剂混合烧结并做成软带状，国内已有牌号为 TSF 导轨软带生产，以及配套用的 DJ 胶黏剂。导轨软带粘贴工艺简单，只要将导轨粘贴面作半精加工至表面粗糙度 $Ra3.2 \sim 1.6\mu m$，清洗粘贴面后，用胶黏接剂粘合，加压固化，再经精加工即可。

2. 注塑导轨　注塑导轨就是在定动导轨之间采用注塑的方式制成塑料导轨。注塑材料是以环氧树脂和二硫化钼为基体，加入增塑剂，混合成膏状为一组分和固化剂为另一组分的双组分塑料，国内牌号为 HNT。导轨注塑工艺简单，在调整好固定导轨和运动导轨间相关位置精度后注入双组分塑料，固化后将定动导轨分离即成塑料导轨副。

### 8.3.4　机床静压导轨

静压导轨分液体、气体两类。

1. 液体静压导轨　液体静压导轨是在导轨工作面间通入具有一定压强的润滑油，形成压力油膜，浮起运动部件，使导轨工作面处于纯液体摩擦状态，摩擦因数极低，约为 $\mu = 0.0005$。因此，驱动功率大大降低，低速运动时无爬行现象，导轨面不易磨损，精度保持性好。由于油膜有吸振作用，因而抗振性好，运动平稳。但其缺点是结构复杂，且需要一套过滤效果良好的供油系统，制造和调整都较困难，成本高，主要用于大型、重型数控机床。

2. 气体静压导轨　气体静压导轨是利用恒定压力的空气膜，使运动部件之间形成均匀分离，以得到高精度的运动。摩擦因数小，不易引起发热变形。但是，气体静压导轨会随空气压力波动而使空气膜发生变化，且承载能力小，故常用于负荷不大的场合，如数控坐标磨床和三坐标测量机等。

## 8.4 回转工作台

工作台是数控机床的重要组成部件，主要有矩形、回转和能倾斜成各种角度的万能工作台等。回转工作台中又分90°分度工作台和任意分度数控工作台，以及卧式和立式回转工作台等。本节主要介绍数控机床上常用的回转工作台的结构及工作原理。

### 8.4.1 分度工作台

分度工作台是按照数控系统的指令，在需要分度时工作台连同工件回转规定的角度，有时也可采用手动分度。分度工作台只能完成分度运动而不能实现圆周进给运动，并且它的分度运动只能完成一定的回转度数如90°、60°或45°等。按定位机构的不同，数控分度工作台通常有定位销式和齿盘式两种类型。

1. 定位销式分度工作台　自动换刀数控卧式镗铣床的分度工作台（见图8-26）。分度工作台1位于矩形工作台10的中间，在不单独使用分度工作台1时，两个工作台可以作为一个整体工作台来使用。这种工作台的定位分度主要靠定位孔来实现。在工作台1的底部均匀分布着8个削边圆柱定位销7，在工作台上底座21上有一个定位孔衬套6以及供定位销移动的环形槽。其中只能有一个定位销7进入定位衬套6中，其余7个定位销则都在环形槽中。8个定位销在圆周上均匀分布，其间隔为45°，因此工作台只能作2、4、8等分的分度运动。

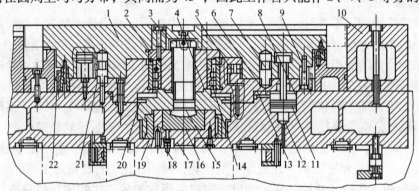

图8-26　定位销式分度工作台

1—分度工作台　2—锥套　3—螺钉　4—支座　5—间隙消除液压缸　6—定位衬套　7—定位销
8—锁紧液压缸　9—大齿轮　10—矩形工作台　11—锁紧缸活塞　12—弹簧　13—油槽　14、19、20—轴承
15—螺栓　16—活塞　17—中央液压缸　18—油管　21—上底座　22—挡块

分度时，数控装置发出指令，由电磁阀控制下底座23上6个均匀分布的锁紧液压缸8（图中只示出一个）中的压力油经环形槽流向油箱，活塞11被弹簧12顶起，工作台1处于松开状态。与此同时，间隙消除液压缸5卸荷，压力油经管道18流入中央液压缸17，使活塞16上升，并通过螺栓15由支座4把止推轴承20向上抬起，顶在上底座21上，通过螺钉3、锥套2使工作台1抬起。固定在工作台面上的定位销7从定位套6中拔出，作好分度前的准备工作。

工作台1抬起之后，数控装置发出指令使液压马达转动，驱动两对减速齿轮（图中未示出），带动固定在工作台1下面的大齿轮9回转，进行分度。在大齿轮9上每45°间隔设置一挡块。分度时，工作台先快速回转，当定位销即将进入规定位置时，挡块碰撞第一个限位开关，发出信号使工作台减速，当挡块碰第二个限位开关时，工作台停止回转，此刻相应的定位销7正好对准定位衬套6。分度工作台的回转速度由液压马达和液压系统中的单向节流阀来调节。

完成分度后数控装置发出信号使中央液压缸17卸荷，工作台1靠自重下降。相应的定位销7插入定位衬套6中，完成定位工作。定位完毕后消除间隙液压缸5通入压力油，活塞向上顶住工作台1消除径向间隙。然后锁紧液压缸8的上腔通入压力油，推动活塞11下降，通过活塞杆上的T形头压紧工作台。至此分度工作全部完成，机床可以进行下一工位的加工。

2. 齿盘式（鼠牙盘式）分度工作台　齿盘定位的分度工作台分度定位精度，一般为±3″，最高可达±0.4″。能承受很大的外载，定位刚度高，精度保持性好。由于齿盘啮合脱开相当于两齿盘对研过程，因此随着齿盘使用时间的延续，其定位精度还有不断提高的趋势。图8-27为某自动换刀数控卧式镗铣床分度工作台的结构图。

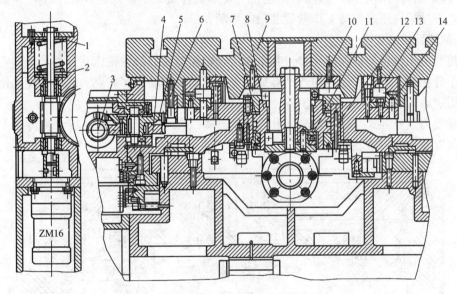

图 8-27　齿盘式分度工作台

1—弹簧　2、10、11—轴承　3—蜗杆　4—蜗轮　5、6—齿轮
7—管道　8—活塞　9—工作台　12—液压缸　13、14—齿盘

分度工作台的分度转位动作包括：

1）工作台抬起，齿盘脱离啮合，完成分度前的准备工作。

2）回转分度。

3）工作台下降，齿盘重新啮合，完成定位夹紧。

工作台抬起：当需要分度时，控制系统发出分度指令，压力油通过管道进入分度工作台9中央的升降液压缸的12的下腔，于是活塞8向上移动，通过推力球轴承10和11带动工作台9也向上抬起，使上、下齿盘13、14相互脱离啮合，液压缸上腔的油则经管道排出，完成分度前的准备工作。

回转分度：当分度工作台9向上抬起时，通过推杆和微动开关发出信号，压力油从管道进入 ZM16 液压马达使其旋转。通过蜗轮副 3、4 和齿轮副 5、6 带动工作台 9 进行分度回转运动。工作台分度回转角度的大小由指令给出，共有 8 等分，即为 45°的整倍数。当工作台的回转角度接近所要分度的角度时，减速挡块使微动开关动作，发出减速信号，工作台停止转动之前其转速已显著下降，为准确定位创造条件。当工作台的回转角度达到所要求的角度时，准停挡块压合微动开关，发出信号，进入液压马达的压力油被堵住，液压马达停止转动，工作台完成准停动作。

工作台下降定位夹紧：工作台完成准停动作的同时，压力油从管道进入升降液压缸上腔，推动活塞 8 带着工作台下降，于是上下齿盘以重新啮合，完成定位夹紧。在分度工作台下降的同时，推杆使另一微动开关动作，发出分度运动完成的回转信号。

分度工作台的传动蜗杆副 3、4 具有自锁性，即运动不能从蜗轮 4 传至蜗杆 3。但当工作台下降，上下齿盘重新啮合时，齿盘带动齿轮 5 使蜗轮产生微小转动。如果蜗轮蜗杆锁住不动，则上下齿盘下降时就难以啮合并准确定位。为此，将蜗杆轴设计成浮动结构（见图 8-27），即其轴向用两个推力球轴承 2 抵在一个螺旋弹簧 1 上面。这样，工作台作微小回转时，蜗轮带动蜗杆压缩弹簧 1 作微量的轴向移动。

## 8.4.2 数控回转工作台

数控回转工作台简称数控转台。其主要用于数控镗床和数控铣床。从外形上看它与分度工作台十分相似，但其内部结构却具有数控进给驱动机构的许多特点。它的功能是使工作台进行圆周进给，以完成切削工作，并使工作台进行分度。

自动换刀数控卧式镗铣床回转工作台如图 8-28 所示。其开环数控转台由传动系统、间隙消除装置及蜗轮夹紧装置等组成。

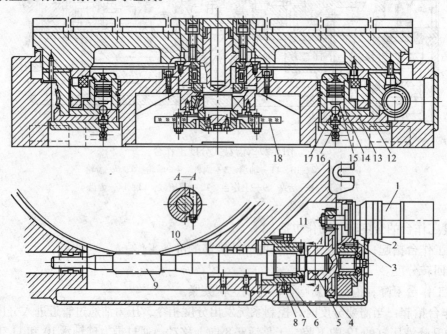

图 8-28 数控回转工作台

1—电液脉冲马达 2、4—齿轮 3—偏心环 5—楔形拉紧圆柱销 6—压块 7—螺母 8—锁紧螺钉 9—蜗杆
10—蜗轮 11—调整套 12、13—夹紧瓦 14—夹紧液压缸 15—活塞 16—弹簧 17—钢球 18—光栅

当数控工作台接到数控系统的指令后，首先把蜗轮松开，然后起动电液脉冲马达，按指令脉冲确定工作台的回转方向、回转速度及回转角度大小等参数。

工作台的运动由电液脉冲马达 1 驱动，经齿轮 2 和 4 带动蜗杆 9，通过蜗轮 10 使工作台回转。为了尽量消除传动间隙和反向间隙，齿轮 2 和齿轮 4 相啮合的齿侧隙，靠调整偏心环 3 消除。齿轮 4 与蜗杆 9 由楔形拉紧圆柱销 5（A—A 剖面）连接，这种连接方式能消除轴与套的配合间隙。为了消除蜗杆副的传动间隙，采用双螺距渐厚蜗杆，通过移动蜗杆的轴向位置调整间隙。这种蜗杆的左右两侧面具有不同的螺距，因此蜗杆齿厚从一端向另一端逐渐增厚。但由于同一侧的螺距是相同的，所以仍然保持着正常的啮合。调整时先松开螺母 7 上的锁紧螺钉 8，使压块 6 与调整套 11 松开，同时将楔形圆柱销 5 松开。然后转动调整套 11，带动蜗杆 9 作轴向移动。根据设计要求，蜗杆有 10mm 的轴向移动调整量，这时蜗杆副的侧隙可调整 0.2mm。调整后锁紧调整套 11 和楔形拉紧圆柱销 5。蜗杆的左右两端都由双列滚针轴承支承。左端为自由端可以伸长以消除温度变化的影响；右端装有双列推力轴承，能轴向定位。

当工作台静止时必须处于锁紧状态。工作台面用沿其圆周方向分布的 8 个夹紧液压缸进行夹紧。当工作台不回转时，夹紧液压缸 14 的上腔进压力油，使活塞 15 向下运动，通过钢球 17、夹紧瓦 13 及 12 将蜗轮 10 夹紧。当工作台需要回转时，数控系统发出指令，使夹紧液压缸 14 上腔的油流回油箱。在弹簧 16 的作用下，钢球 17 抬起，夹紧瓦 12 及 13 松开蜗轮，然后由电液脉冲马达 1 通过传动装置，使蜗轮和回转工作台按照控制系统的指令作回转运动。

开环系统的数控回转工作台的定位精度主要取决于蜗杆副的传动精度，因而必须采用高精度的蜗杆副。除此之外，还可在实际测量工作台静态定位误差之后，确定需要补偿的角度位置和补偿脉冲的符号（正向或反向），记忆在补偿回路中，由数控装置进行误差补偿。

# 复 习 思 考 题

1. 根据主轴功率转矩特性（见图 8-1），简述主轴功率、转矩和转速间的关系。
2. 对数控机床主轴无级变速方式与分段无级变速方式进行分析比较。
3. 数控机床主轴分段无级变速方式主要有哪几种？各有何优缺点？
4. 数控机床对进给传动机构有哪些要求？
5. 简述滚珠丝杠螺母副间隙调整和预紧方法。
6. 简述消除齿轮间隙的主要方法及特点。
7. 滚动导轨、塑料导轨、静压导轨的结构类型各有何特点？
8. 数控机床回转工作台和分度工作台结构上有何区别？
9. 简述数控机床回转工作台主要机构的功能与作用。

# 第 9 章　数控机床的选用与维修

## 9.1　数控机床的选择

随着数控设备性能价格比的不断优化，数控机床已经成为现代企业至关重要的基础机械和必不可少的柔性制造手段。选用数控机床对于改进产品质量、减轻工人劳动强度和提高经济效益有着明显作用，合理选择与使用数控机床具有十分现实的意义。

### 9.1.1　数控机床的适用范围

数控机床是一种可编程通用加工设备，特别适用于加工形状比较复杂、精度要求高的零件，能够适应产品更新频繁生产周期短的场合。适宜于数控加工的零件类型如下：

1) 需要在通用机床上配置复杂专用夹具或需很长调整时间才能加工的零件。
2) 小批量生产（100 件以下）的零件。
3) 轮廓形状复杂、加工精度要求高或必须用数字方法决定的复杂曲线、曲面零件。
4) 要求精密复制的零件。
5) 预备多次改型设计的零件。
6) 钻、镗、铰、锪、攻螺纹及铣削工序联合进行的零件。
7) 价值高的零件。

### 9.1.2　数控机床的合理选择

数控机床的合理选择要在确定典型加工零件类型，明确其加工工艺范围的前提下进行。着重要考虑下述各方面因素：

1. 从数控机床类型方面考虑　不同种类的机床都有各自适用的加工对象。如数控车床主要用于车削成形、带圆弧或锥度的复杂盘类和轴类零件，车削加工中心除此之外还能完成铣削平面、横钻孔的加工。数控铣床主要用于铣削各种成形板件、复杂箱体件（可钻、攻螺纹）的加工。立式加工中心主要用于加工带成形面的复杂扁平形工件，如模具型腔等；卧式加工中心用于加工各种带成形面的复杂箱体件。

2. 从规格方面考虑　数控机床比普通机床昂贵，购置后要能够起到通用关键加工设备的作用。数控机床的规格主要指各数控坐标轴的行程范围和电动机功率，要在综合考虑加工工件尺寸大小的基础上确定规格，要求坐标行程要比指定的典型加工对象尺寸大一些，使加工件的轮廓尺寸在机床能够加工的范围之内，并要考虑到安装夹具所需的空间，以及自动更换刀具和工作台回转所需的空间。电动机功率应考虑适当选得大一些，以便于满足扩大机床工艺范围的需要。还要考虑机床工作台应该具备的承载能力。

3. 从功能方面考虑　数控机床的功能水平与价格高低有着密切的联系，在选用时要认真权衡功能与价格的比例。数控机床的功能分基本功能和选择功能两类，其中包括坐标轴数和联动轴数、人机对话编程及图形显示功能、故障自诊断功能等。功能的选择直接影响到设备的加工控制性能、操作使用性能和故障维修性能。在选购时不要盲目追求功能齐全，要充分论证所选功能的实用价值，尽可能提高数控机床投资的回报率。

4. 从精度方面考虑 数控机床除与普通机床相同的各项几何精度外，定位精度、重复定位精度和反向偏差等都是重要的精度指标。凡是采用直接位置测量（闭环系统）的数控机床都要比间接位置测量（半闭环系统）的精度高，选购时要明确精度标准和测量方法，以确保必需的加工精度。选择那些在设计上对热变形等采取了一定措施的机床，能够更好地获得较稳定的加工精度。

### 9.1.3 选择项目的具体内容

在综合考虑各方面因素的基础上，确定了数控机床的类型、规格、性能和精度。接下来就要考虑数控机床各选择项目的具体内容。

1. 选择机床精度 根据典型加工零件的精度要求确定购置机床的精度等级。通常批量加工零件的精度比机床的定位精度低 1.5 ~ 2 倍。普通型数控机床批量加工可以达到 8 级精度，精密型数控机床可以达到 5 ~ 6 级精度，其中后者对环境要求比较高，应具备恒温等保障条件。此外，普通型数控机床的进给伺服驱动机构大都采用半闭环方式，对由于温升引起的滚珠丝杠伸长变形无法检测，因此会影响到加工精度。比较好的加工中心，对丝杠伸长采取预拉伸措施，以减少丝杠的热胀变形，传动刚度得到有效提高。普通型和精密型加工中心的主要精度项目见表 9-1。

表 9-1　加工中心精度 （单位：1mm）

| 精 度 项 目 | 普 通 型 | 精 密 型 |
|---|---|---|
| 直线定位精度 | ±0.01/全程 | ±0.005/全程 |
| 重复定位精度 | ±0.006 | ±0.002 |
| 铣圆精度 | 0.03 ~ 0.04 | 0.02 |

数控机床的直线定位精度和重复定位精度，能够全面反映出各轴及运动部件的综合精度。其中重复定位精度反映出控制轴在全行程上任意点定位的精确性，它是衡量控制轴能否稳定可靠工作的基本指标。

数控机床的铣圆精度是综合评价各数控轴的伺服跟随运动特性，以及数控系统插补功能的重要指标。可以用精铣标准圆柱试件的方法测定铣圆精度，中小型数控机床圆柱试件的直径为 $\phi200 ~ \phi300mm$。将精铣过的标准圆柱试件放到圆度仪上，测量出圆柱轮廓线的最大包络圆和最小包络圆尺寸，取其两者间的半径差即为铣圆精度值。

2. 选择自动换刀装置和刀库容量 自动换刀装置（ATC）的工作质量，直接影响到数控机床投入使用的质量，ATC 的主要质量指标为换刀时间和故障率。据统计，加工中心有50% 以上的故障与 ATC 的状况有关。通常对 ATC 装置的投资占整机投资的 30% ~ 50%，为了降低总投资，在满足使用需要的前提下，尽量选用结构简单和可靠性高的 ATC。

根据典型零件在一次装夹中所需要的刀具数来确定刀库容量。即使是大型加工中心的刀库容量也不宜选得太大，因为刀库容量越大，结构越复杂，整理量也越大，受到人为差错影响的机会增多，刀具管理相应复杂化，会使成本和故障率提高。同一型号的加工中心通常预设有 2 ~ 3 种不同容量的刀库。例如，卧式加工中心刀库容量有 30、40、60、80 把等，立式加工中心刀库容量有 16、20、24、32 把等。用户在选定刀库容量时，要反复比较被加工工件的工艺分析资料，对需要数控机床进一步适应的近期发展作出预测，仔细权衡投资与效益的最佳比例，在此基础上再确定所需刀具数。

表 9-2 所示的国内外统计数字表明，在立式加工中心上选用 20 把左右刀具的刀库容量，在卧式加工中心上选用 40 把左右刀具的刀库容量较为适宜。对于所需刀具数超过刀库容量的复杂工件，可利用将粗、精加工分开进行，插入消除内应力的热处理工序，调换工件装卡工艺基准等手段，将复杂工件分工序分别编制加工程序进行加工，这样每个加工程序所需刀具数就不会超过刀库容量。

**表 9-2　刀库库存刀具数表**

| 刀具数量/把 | <10 | <20 | <30 | <40 | <50 |
|---|---|---|---|---|---|
| 加工工件占总数百分率（%） | 18 | 50 | 17 | 10 | 5 |

如果选用的加工中心准备用于柔性加工单元（FMC）或柔性制造系统（FMS）中，其刀库容量则应相对选取得大一些，甚至需要配置可交换刀库。

3. 数控系统的选择　伴随着微电子技术的发展和机电一体化技术的日趋成熟，世界上数控系统的种类和规格迅速递增。在我国比较流行的有美国 A—B 公司、日本 FANUC 公司、德国 SIEMENS 公司等的产品，国产数控系统的功能也日渐完善，市场上的占有份额不断扩大。选择与机床相匹配的数控系统应遵循下述原则：

（1）根据数控机床类型选择相应的数控系统：为适应车、铣、镗、磨、冲压等不同的加工工艺内容，有针对性地选择数控系统来配套机床，以满足具体的机加工需要。

（2）根据数控机床的设计指标选择数控系统：数控系统的档次和性能千差万别，其价位差别非常大。选用时要以达到机床设计指标为准，不要刻意追求高档次或新系统。

（3）根据数控机床的性能选择数控系统功能：数控系统的功能分为基本功能和选择功能两种，通常系统的基本功能定价便宜，而增加选择功能则价格较贵。因此，要根据机床性能选择数控系统功能，不要贪多求全，以够用为准，否则会使成本大幅度增加。

（4）订购系统要全面考虑需要及附件配套：在订购数控系统时对必需功能要注意一次性配全，因为再单项增加其价格会比较高。对于那些价格增加不多，能够对使用带来许多方便的功能，应该适当配置齐全。同时要完成好附件的配套工作，比如刀具预调仪、纸带穿孔机、纸带阅读机、自动编程器、测量头、中心找正器和刀具系统等，特别要注意附件与机床和系统的配置成套，否则会给使用带来不便。

4. 加工节拍与机床台数估算　如果数控机床是配置在自动生产线上，需对所负责的工序作出工时节拍估算。具体估算方法是根据工艺流程的参数，估算每道工序的切削时间（$t_{切}$），而辅助时间通常取切削时间的 10% ~ 20%。每次的换刀时间约为 10 ~ 20s，即计算单工序时间为

$$t_{单序} = t_{切} + t_{辅} + (10 \sim 20)\,s$$
$$= t_{切} + (10\% \sim 20\%)\,t_{切} + (10 \sim 20)\,s$$

按照一年 300 个工作日、两班制和一天的有效工作时间为 14h，就可以算出机床的年生产能力。算出工时和节拍后，考虑设计要求和工序平衡要求，可以重新调整数控机床的加工工序数量，修订工艺参数，以达到整个加工过程的平衡。

选择数控机床需要考虑的因素比较多，以上只是简述了几个主要项目的内容，实际上在购买数控机床的同时，还应该对操作、维修和编程人员的培训，以及机床的售后技术服务等作全面考虑。

## 9.2 数控机床的常规保养

数控机床是典型的机电一体化产品，对其进行保养与维修需要机械、液压、气动、计算机、自动控制、电机拖动和测试技术等方面的技术知识。机床的常规保养是保证正常工作运行必不可少的重要环节，必须坚持到位，认真做好。

### 9.2.1 数控机床的日常保养

坚持做好数控机床的日常保养工作，可以有效地提高元器件的使用寿命，延长机械零部件的磨损周期，避免产生或及时消除事故隐患，使机床保持良好的运行状况。不同型号数控机床的日常保养内容和要求各不相同，对于具体机床可以按照说明书的具体要求进行保养，数控机床基本上都包括下述几个方面的维护保养内容。

1. 保持良好的润滑状态　要定期检查、清洗自动润滑系统，及时添加或更换油液、油脂，使主轴、丝杠和导轨等各运动部位始终保持良好润滑状态，以减缓机械磨损速度。

2. 机械精度的检查调整　保持各运动部件之间的形状和位置偏差在允许范围内，其中包括对换刀系统、工作台交换系统、丝杠反向间隙等的检查与调整。

3. 对直流电机电刷的检查、清扫和更换，以及对各插接件有无松动的检查等。

4. 机床和环境清洁卫生　如果数控机床的使用环境不好，会直接影响到机床的正常运行。如纸带阅读机感光元件受粉尘污染，就有可能产生读数错误，电路板太脏，可能产生短路故障，油水过滤器、空气过滤网太脏，会出现压力不足、散热不好并造成故障。必须定期进行维护保养工作。表9-3是加工中心的日常保养一览表

**表9-3　日常保养一览表**

| 序号 | 检查周期 | 检查部位 | 检查要求 |
|---|---|---|---|
| 1 | 每天 | 导轨润滑油箱 | 检查油量，及时添加润滑油，润滑泵是否定时起动打油及停止 |
| 2 | 每天 | 主轴润滑恒温油箱 | 工作是否正常，油量充足，温度范围是否合适 |
| 3 | 每天 | 机床液压系统 | 油箱油泵有无异常噪声，工作油面高度是否合适，压力表指示是否正常，管路及各接头有无泄漏 |
| 4 | 每天 | 压缩空气气源压力 | 气动控制系统压力是否在正常范围之内 |
| 5 | 每天 | 气源自动分水滤气器，自动空气干燥器 | 及时清理分水器中滤出的水分，保证自动空气干燥器工作正常 |
| 6 | 每天 | 气液转换器和增压器油面 | 油量不够时要及时补充 |
| 7 | 每天 | X、Y、Z轴导轨面 | 清除切屑和脏物，检查导轨面有无划伤损坏，润滑油是否充足 |
| 8 | 每天 | 液压平衡系统 | 平衡压力指示正常，快速移动时平衡阀工作正常 |
| 9 | 每天 | CNC输入/输出单元 | 如光电阅读机的清洁，机械润滑是否良好 |
| 10 | 每天 | 各防护装置 | 导轨、机床防护罩等是否齐全、有效 |
| 11 | 每天 | 电气柜各散热通风装置 | 各电气柜中散热风扇是否工作正常，风道过滤网有无堵塞，及时清洗过滤器 |
| 12 | 每周 | 各电气柜过滤网 | 清洗沾附的尘土 |
| 13 | 不定期 | 冷却油箱、水箱 | 随时检查液面高度，及时添加油（或水），太脏时要更换。清洗油箱（水箱）和过滤器 |

（续）

| 序号 | 检查周期 | 检查部位 | 检查要求 |
|------|----------|----------|----------|
| 14 | 不定期 | 废油池 | 及时取走存积在废油池中的废油，避免溢出 |
| 15 | 不定期 | 排屑器 | 经常清理切屑，检查有无卡住等现象 |
| 16 | 半年 | 检查主轴传动带 | 按机床说明书要求调整传动带的松紧程度 |
| 17 | 半年 | 各轴导轨上镶条、压紧滚轮 | 按机床说明书要求调整松紧状态 |
| 18 | 一年 | 检查或更换直流伺服电动机电刷 | 检查换向器表面，去除毛刺，吹净碳粉，及时更换磨损过短的电刷 |
| 19 | 一年 | 液压油路 | 清洗溢流阀、减压阀、滤油器、油箱，过滤或更换液压油 |
| 20 | 一年 | 主轴润滑恒温油箱 | 清洗过滤器、油箱，更换润滑油 |
| 21 | 一年 | 润滑油泵，过滤器 | 清洗润滑油池，更换过滤器 |
| 22 | 一年 | 滚珠丝杠 | 清洗丝杠上旧的润滑脂，涂上新油脂 |

要制订机床日常维修保养制度，设备主管要定期检查制度的执行情况，以确保机床始终处于良好的运行状况，避免和减少恶性事故的发生。

### 9.2.2 使用数控机床应注意的问题

数控机床的整个加工过程都是由数控系统按照编制的程序完成，如果出现稳定性、可靠性和准确性方面的问题，一般排除故障的过程不太容易。因此要求除了掌握数控机床的性能及精心操作外，还要注意消除各种不利的影响因素，以保证机床能够充分发挥出生产效率高、加工精度好和质量稳定的优越性。

1. 数控机床的使用环境　数控机床要避免阳光的直接照射，不能安装在潮湿、粉尘过多或污染太大的场所，否则会造成电子元件技术性能下降，电器接触不良或电路短路故障。数控机床要远离振动大的设备，对于高精密的机床要采取专门的防振措施。在有条件的情况下，将数控机床置于空调环境下使用，其故障率会明显降低。

2. 数控机床的电源要求　由于我国的供电条件普遍比较差，电源波动幅度时常超过10%，在交流电源上往往叠加有高频杂波信号，以及幅度很大的瞬间干扰信号，很容易破坏机内的程序或参数，影响机床的正常运行。在条件许可的情况下，对数控机床采取专线供电或增设电源稳压设备，以减少供电质量的影响和减少电气干扰。

3. 数控机床的操作规程　操作规程是保证数控机床安全运行的重要措施，操作者必须按操作规程的要求进行操作。要明确规定开机、关机的顺序和注意事项，例如开机后首先要手动或用程序指令自动回参考点，顺序为 Z、X、Y 轴再其它轴。在机床正常运行时不允许开关电气柜门，禁止按动"急停"和"复位"按钮，不得随意修改参数。

4. 机床发生故障　出现故障要保留现场，维修人员要认真了解故障前后经过，做好故障发生原因和处理的记录，查找出故障及时排除，减少停机时间。

5. 数控机床不宜长期封存　购买的数控机床要尽快投入使用，尤其在保修期内要尽可能提高机床利用率，使故障隐患和薄弱环节充分暴露出来，及时保修节省维修费用。数控机床闲置会使电子元器件受潮，加快其技术性能下降或损坏。长期不使用的数控机床要每周通电1～2次，每次空运行1h左右，以防止机床电器元件受潮，并能及时发现有无电池报警信号，避免系统软件的参数丢失。

## 9.3 数控装置故障维修

每一台数控机床都应备有故障记录本，详细记录故障发生的时间和部位，有故障时数控系统的运行状态，CRT的位置显示以及报警号等。这些记录可为分析查找故障原因，帮助迅速排除故障提供重要的依据。

1. 机床定位不准　明确是哪些轴定位不准，定位的误差的具体数值，每次定位不准是否有规律，是发生在手动方式还是自动方式，或两种方式下都产生定位不准。

2. 机床发生振动、颤抖或超调现象　在何时发生在那几根轴上，是接通电源就立刻发生，还是在进给轴运动时发生，或是仅在进给轴加速或减速时发生。

3. 数控系统有报警或数控机床动作异常　故障的报警号内容，发生故障时的位置显示值，机床所处的状态，数控装置作何种操作，运行程序是用过的还是新的，发生频率等。

4. 伺服单元故障　CRT有无报警，或伺服单元报警指示灯的情况，发生报警的轴、电动机的种类及其型号，或所用检测器的型号。

### 9.3.1 数控系统故障的一般判断方法

虽然数控系统的种类很多，其内部结构的差异也非常大，而且编程格式各不相同，但当发生故障时都可用下述方法进行判断。

1. 直观检查分析　在现场维修工作中，应首先对工作在恶劣环境下的元器件和易损部位的元器件作检测，注意发生故障时的响声来源，是否看到闪光现象，是否有焦糊味，检查可能有故障的每块印制电路板的表面状况等，并逐步缩小检查的范围。例如，MANDELLI—7U加工中心在三包期内，一次正常工作时间CRT（显示器）突然无显示，打开操作系统控制台后盖板，发现视频单元高压包变色烧毁，换装备件后，故障排除。

2. 用自诊断程序功能　根据系统自诊断程序的快速诊断，通过CRT上显示的报警号，或控制单元、输入单元、连接单元和伺服单元的报警指示灯提示，提供给维修人员可靠的信息，能够迅速找到设备的故障源。例如：MC—60加工中心在一段时期内执行M10165或G92T0指令时，机床经常自动断电停机，显示器（CRT）上故障信息显示为PSM030：HYD-SWAYPRELOADPRESS信息内容是液压回路预载压力问题。通过分析故障信息内容，查阅电气图，判断为旋转工作台（ROTATETABLE）出现故障。在旋转工作台找到PSM030铭牌位置，拆开罩板，确定该部分由压力继电器和柱形调压阀组成。由操作工重复执行M10165和G92T0指令，发现故障是因液压回路中压力不足而导致压力继电器不能工作引起。通过调整压力继电器工作压力、清洗调压阀和液压站内液压油滤清器，恢复安装后，故障排除。

3. 核对数控系统参数　发生故障应及时核对系统参数，因为这些参数直接影响到机床的性能。在受外界干扰或不慎引起存储器个别参数发生变化时，会引起系统出现故障。

4. 检查短路棒的设定　检查印制电路板上短路棒的设定，保证数控系统与机床配套能处于正确的工作状态。如在位置检测系统中，可以选择旋转变压器或感应同步器等不同的检测元件。为适应不同的检测元件，可能有不同的相应设定。

5. 测量电路电压波形　熟悉各印制电路板检测端子及有关电路作用，弄清相互之间的逻辑关系，通过各检测端子测量各电路电压及波形，检查其工作状态是否正常。

6. 检查接口输送信号　通过自诊断功能的状态显示检查数控系统与机床之间的接口信号，明确数控系统是否已将信号输出给机床，以及机床的开头信号是否已输入到数控系统，从而将故障范围缩小到数控系统一侧或机床一侧。

7. 替换线路板　可以利用备用印制电路板替换认为有故障的印制电路板，即用排除法逐步缩小判断故障的范围，迅速找出存在问题的印制电路板。例如，MC-60 加工中心一次在液压站未起动时，CRT 突然没有显示，呈现灰白色。查看电控柜内各集成电路板，均指示正常，从而初步判定 CPU 未正常工作。因为主板电源是 CPU 正常工作的重要条件，所以我们首先测量了 CPU 电源板，发现该电源板输入电压正常，而无输出电压，即该电源板损坏。在购买同规格电源板换装后，CRT 显示正常，但是操作控制面板上所有的功能键指示灯均未亮，且启动 CNC 系统时出现 SYS3175 错误码。因此，分析推断为操作控制接口板（OP-COMM INTERFACE）损坏，但该板表面无损坏现象，而且没有检测手段。因而更换备件电路板，恢复安装后起动机床，故障排除。

注意有些印制电路板置换后要重新设置，如存储器初始化，重新输入系统参数，伺服印制电路板、旋转变压器和感应同步器接口板置换后短路设定棒的设定位量，对电位器作必要的调整等。

### 9.3.2　常见故障分析

数控机床的故障类型和产生原因多种多样，而且因数控系统的不同（包括硬件结构或软件区别）其差异相当大，要根据系统说明书及相关的技术资料对故障作针对性分析。

1. 数控系统不能接通电源　数控系统的电源输入单元以绿色发光二极管作为电源指示灯，如果灯不亮检查电源变压器是否有交流电源输入，以及输入单元的熔丝是否烧断。若以红色发光二极管作为输入单元的报警灯亮，应检查各直流工作电压电路的负载是否有短路现象。另外电源开头的按钮接触不良和失灵也会造成系统不能接通电源。

2. 电源接通后 CRT 无辉度或无显示　这种故障的起因多数不是由 CRT 本身造成的，可以根据报警信息分析处理。

1）连接 CRT 单元的有关电缆接触不良，应检查相关的电缆使其可靠连接。

2）核查 CRT 单元输入电压是否正常。通常 23mm 单色 CRT 为 24V 直流电源，35mm 彩色 CRT 为 200V 交流电压。

3）CRT 单元由显示单元、调节器单元等各部分组成，其中任何部分有问题都会造成 CRT 无辉度或有辉度而无图像等故障。

4）用示波器检查 VIDEO（视频）信号输入，如果没有信号，则故障出在 CRT 接口印制电路板或主控制电路板上。

5）在主控制印制电路板上发生报警指示也可影响到 CRT 显示，而此时故障的起因多数不是 CRT 本身，可以按照报警信息进行分析处理。

3. CRT 无显示时机床不能动作　原因可能是主印制电路板或控制 ROM 电路板有问题。

4. CRT 无显示但机床能够动作　能够正常执行手动或自动操作，说明系统控制部分能正常进行插补运算，仅显示部分或其控制部分发生故障。

5. 机床不能动作的原因　主要包括：

1）数控系统的复位按钮被接通。

2）数控系统处于紧急停止状态。

3）程序执行时 CRT 有位置显示变化而机床不动，应检查机床是否处于锁住状态。

4）进给速度设定错误，是否设定为零值。

5）系统是否处于报警状态。

6. 机床返回基准点时位置不准　数控系统大多采用栅格方式或磁性开关方式返回基准点。其中栅格方式是通过设定系统参数移动栅格来调整基准点位置，而磁性开关方式是通过移动接近开关来调整基准位置。这里以栅格方式返回基准点为例，说明机床停止位置与基准点位置不一致的故障原因。

（1）停止位置偏离基准点一个栅格距离：这是减速挡块安装位置不正确或减速挡块长度太短所致，可通过重新调整挡块位置或适当增加挡块长度解决。具体调整步骤如下：

1）用手动方式返回基准点。

2）记下机床停止位置的显示值。

3）由基准点以会低速移动机床直到减速信号变为接通（ON）位置，可通过诊断功能来确认，并记下此时的位置显示值。

4）由步骤2）和3）计算出从基准点到减速信号变为 ON 的距离。

5）调整减速挡块位置，使此距离变为检测器每转时机床移动距离的一半即可。

（2）机床返回基准点时产生随机偏差：这种没有规律性的机床运动误差，主要由脉冲发生器的不良工作状态引起。其故障的原因主要包括：

1）外界干扰。如屏蔽地连接不良，脉冲编码器的信号电缆与电源电缆靠得太近等。

2）脉冲编码器的电源电压过低，应检查电缆插头是否因接触不良而使供给脉冲编码的 5V 工作电压降超过 0.25V（脉冲编码器内接线板上的电压应超过 4.75V 才能可靠工作）。

3）脉冲编码器本身的问题。

4）可能是数控系统的主印制电路板的问题。

（3）微小误差：多数为电缆或连接器接触不良，或因主印制电路板及速度控制单元存在问题，造成位置偏差量过大。

7. 不能正常返回基准点且有报警信号　其原因一般是脉冲编码器的一转信号没有输入到主印制电路板，如脉冲编码器的连接电缆、抽头或本身断线。机床的开始移动点距基准点太近返回基准点时也会出现报警。

8. 突然变成没有准备好状态　返回基准点过程中数控系统突然变成没有准备好（NOT READY）状态，但又没有出现报警。这种情况多数为返回基准点用的减速开关失灵，触头压下后不能复位。

9. 手摇脉冲发生器不能工作　分为转动手摇脉冲发生器时 CRT 画面的位置显示发生变化，但机床不动，或转动手摇脉冲发生器时 CRT 画面的位置显示无变化，机床也不运动两种情况进行分析。

（1）位置显示发生变化，但机床不动的故障原因

1）通过诊断功能检查系统是否处于机床锁住不动。

2）由诊断功能确认伺服断开信号是否已被输入到数控装置内。

3）如果上述处理无效，则故障多出在伺服系统。

（2）位置显示无变化，机床也不运动的故障原因

1）通过核查参数是否发生变化，确认是否带有手摇脉冲发生器功能。

2）由诊断功能检查机床锁住信号是否已被输入。

3）由诊断功能确认选择手摇脉冲发生器的方式信号是否已经输入。

4）检查主板是否有报警灯亮。

如果以上均正常，则可能是手摇脉冲发生器或手摇脉冲发生器接口板不良，数控机床带有两个及以上手摇脉冲发生器时需配置接口板。

10. 垂直运动轴突然失控下滑　出现突然失控下滑故障，多数是由主板上的位置控制部分不良引起，只要置换有关位置控制部分的印制电路板即可。

## 9.4　进给伺服系统故障维修

进给伺服系统的故障率约占数控系统故障的 1/3。其故障现象可以分为通过软件在 CRT上显示报警，利用速度控制单元硬件（发光二极管、熔丝）显示报警，以及没有任何指示的报警等三类。进给伺服系统有交、直流等各种类型，这里介绍的故障分析原则适用于任何形式的进给伺服系统。

### 9.4.1　软件报警

数控系统对伺服系统都具有程度不同的监视报警能力。出现伺服系统错误报警，可能是伺服系统本身的故障，也可能是主板内发生与位置控制或伺服信号相关的故障。通常伺服系统过热报警由下述各种原因所引起：

1. 伺服单元的热继电器动作　此时应首先检查热保护继电器的设定是否有误，然后检查机床工作时的切削条件是否接近极限，或机床的摩擦力矩是否太大。

2. 变压器的热动开关动作　若此时变压器并不发热，则是热动开关本身失灵，如果变压器的温升较高，用手触摸只能接触几秒钟，则很可能是变压器短路，或者是电动机负载过大，可以用减小切削力或在空载低速进给时测量电动机电流值来判断。

3. 伺服电动机内装热动开关动作　此时的故障出在电动机部分，检查方法与排除故障的具体措施简述如下：

1）用万用表或绝缘电阻表检查电动机绕组与壳体之间的绝缘情况，测量的电阻值应为无穷大或 $1M\Omega$ 以上，否则应清扫电动机的换向器等。

2）通过测量电动机的空载电流检查其绕组内部是否短路。若空载时电动机电流随转速成正比增加，可判断为内部短路，这种故障大多是由电动机换向器表面附着油污所引起，一般情况下换向器经清扫，故障即可排除。

3）还有一种可能引起热动开关动作的情况，就是电动机的永久磁体去磁。检查电动机是否去磁的方法，是在快速进给条件下测量电动机的转速 $n(r/min)$、电压表和电流表的读数 $V_{DC}$（V）和 $I_{DC}$（A），若符合下式：

$$V_{DC} - I_{DC}R_m \leqslant K_e n$$

则说明电动机已去磁，应重新充磁。式中 $R_m$ 表示电动机电枢的直流电阻（包括电刷阻值），$K_e$ 表示电动机的反电势常数，单位是 $V/(1000r/min)$，$R_m$ 和 $K_e$ 均可由电动机样本查得。

4）电机永久磁体粘接不好或电动机内部制动器不良，也会引起热动开关动作。

5）伺服单元的电源电压异常，以及速度控制或位置控制部分发生故障，同样会引起伺服系统过热报警。

### 9.4.2 硬件报警

硬件报警包括指示灯和熔丝熔断报警等，报警的种类随伺服单元的设计差异而有所不同。通常有下列各种情况的故障报警：

1. 高电压报警

1）由电源输入的交流电压超过额定值的 10%，可用调整变压器抽头解决。

2）伺服电动机的电枢绕组与机壳间的绝缘下降。

3）伺服单元的印制电路板不良也是造成高电压报警的原因。

2. 大电流报警

1）伺服单元的功率驱动元件晶闸管块或晶体管模块损坏。断电后用万用表（不能用数字式）测量模块集电极和发射极之间的阻值，若小于或等于 10Ω 则模块已经损坏。

2）伺服单元的印制电路板故障或电动机绕组内部短路也会引起大电流报警。

3. 过载报警

1）伺服单元印制电路板的电动机电流限值设定错误。

2）机械负载不正常，可用示波器或电流表测量电动机电流进行判断。

3）伺服电动机的永久磁体脱落。

4）伺服单元印制电路板发生故障。

4. 电压过低报警

1）由电源输入的交流电压低于正常值的 15%。

2）伺服变压器次级与伺服单元之间的连接不良。

3）伺服单元的印制电路板发生故障。

5. 速度反馈断线报警

1）伺服单元与电动机间的动力电源线连接不良。

2）伺服单元的印制电路板设定错误，特别是有关检测元件的设定错误，如将用作检测的测速发电动机设定为脉冲编码器，就会产生断线报警。

3）没有加速度反馈电压或反馈信号断线（断线故障多数是电缆或连接器连接不良所引起的）。

6. 伺服单元熔丝烧断或无熔断器的断路器切断报警

1）机械负载过大，测量全行程和丝杠每转一圈时电动机电流值是否有大的波动。

2）切削条件恶劣，如切削用量过大或超过电动机电流额定值的强力切削。

3）位置控制部分的故障，如偏移的调整有大幅度偏离。

4）接线错误，如将反馈信号错接成正反馈而产生振荡（这种情况仅发生在重新接线之后）。

5）电动机故障，如因速度和位置检测元件而引起振荡，以及电动机去磁引起过大的激磁电流等。

6）伺服单元设定错误，如增益设定过高等。

7）伺服单元发生故障。

8）因位置控制和速度控制部分的电压过低或过高而引起振荡。

9）由外部噪声导致振荡，可用示波器测量测速发电机输入端、电流检测输入端及晶闸管伺服单元的同步输入端波形是否异常。

10）流经扼流圈的电流延迟。如果伺服系统加速或减速频率太高，由于扼流圈的延迟就可能造成相间短路而烧断熔丝。

### 9.4.3 无报警显示的故障

这类故障多数在机床处于非正常运动状态的情况下出现，超出数控系统的监控程序指示范围，所以无法实现报警显示。具体举例如下：

1. 机床运动轴失控出现飞车

1）位置检测信号为正反馈信号，这多数是电缆信号线连接错误，或检测器发生故障。

2）电动机和位置检测器之间的连接故障，如两者间的机械连接松动等，一般可通过诊断机能进行检查。

3）主控制电路板或伺服单元印制电路板发生故障。

2. 伺服系统引起的机械振动

1）与位置控制有关的系统参数设定错误。

2）伺服单元的短路棒或电位器设定错误。

3）伺服单元的印制电路板发生故障。

3. 电动机转动、停止、加速或减速时，出现断续转动或摆动

1）电动机和检测器间的机械连接问题。

2）速度反馈元件故障或连接不良，用示波器检查反馈电压有突然下跌现象。

3）电动机绕组内部短路。

4）伺服系统不稳定，如速度环的增益调整不适当、反馈太大或者电动机与丝杠间的刚性不足等。

5）外部噪声。

6）伺服单元发生故障。

4. 过冲现象

1）伺服系统的速度增益太低，或数控系统设定的快速移动时间常数太小。

2）电动机和进给丝杠之间的刚性太差，如间隙太大或调速带的张力不够等。

5. 每个脉冲的定位精度太差

1）机床本身的精度不够。

2）电动机与丝杠之间的连接不好造成游动。

3）伺服系统增益不足也可能造成定位精度太差。

6. 伺服系统不稳定引起机床低速爬行

7. 加工圆弧时切削表面起条纹　其原因一是电动机轴安装精度不够，造成过大的机床游隙；二是伺服系统增益不足，可以适当调整增益控制用的电位器。

8. 加工的圆有椭圆度误差　如果椭圆度误差出现在测量图的45°方向，调整伺服单元位置增益控制用的电位器。如果椭圆度误差产生在轴线方向，则是由于在轴向进给的精度不够造成的，不应通过上述电位器来修正。

9. 机床快速移动时有振动和冲击　原因大多为电动机尾部的测速发电机电刷接触不良。

10. 电动机运行时噪声过大。

1）换向器表面质量不佳或有损伤。

2）油、液、灰尘等侵入电刷槽或换向器。

3）电动机轴向存在过大的窜动现象。

11. 电动机不转　如果用手拧不动电动机轴，或是在某处特别费劲，即可判断电动机的永久磁体脱落。对于带有制动器的电动机，可能是内装的制动器失灵，通电后未能脱开，或制动器用的整流器损坏，使制动器不能工作，也会产生电动机轴不转的故障。

## 9.5　主轴伺服系统故障维修

直流主轴伺服系统的功率放大元件多数采用晶闸管，交流主轴伺服系统则多数采用晶体管模块。在交流主轴伺服系统中，又有模拟式和数字式之分。在使用上两者的功能是一样的，只是前者用短路棒设定，而后者用数字参数的形式，且设定的内容较多。

### 9.5.1　主轴伺服系统使用前的检查

主轴伺服系统的伺服单元或主轴电动机，在安装或维修之后，都需要进行如下检查：

1. 设定检查　包括参数设定和开关设定。要认真对短路棒设定或参数设定进行检查、核对，保证与原来设定的要求一致。另外，还应检查电源开关设定位置（一般有 200V、220V 或 400V 的设定开关），以及电源频率开关位置（50Hz 还是 60Hz）是否正确。

2. 直流电压检查　伺服单元印制电路板多数有 + 24V、+ 15V 及 − 15V 电压检测端子，可用数字式电压表检测，其电压值应在允许的波动范围以内。

3. 电源相序检查　当直流主轴伺服系统相序出现错误时会引起熔丝烧毁。一般直流主轴伺服系统都设有相序错误报警指示灯。

4. 极性检查　如果直流伺服电动机的动力线和测速反馈信号线的极性反接，对于电动机的控制将会失灵。

5. 励磁极性检查　直流主轴电动机内有磁场线圈，如果极性被接反，将在速度和旋转方向指令输入作加速时使直流电动机失控。

### 9.5.2　主轴伺服系统故障分析

1. 直流主轴伺服系统

（1）速度控制单元熔丝烧断

1）伺服单元的电缆连接不良。

2）印制电路板和主控制回路太脏造成绝缘下降。

3）电流极限回路故障。

4）电路调整（尤其是电位器调整）不当。

5）测速发电动机的连接不良或断线。

6）主轴电动机动力线短路（电动机绕组和地绝缘电阻应大于 0.1MΩ）。

7）测速机纹波太大（反馈电压波动应小于 1V）。

（2）主轴速度不正常

1）印制电路板太脏。

2）印制电路板中的误差放大器电路发生故障。

3）印制电路板的 D/A 变换器发生故障。

4）测速发电机发生故障。

5）速度指令错误。

（3）主轴电动机振动或噪声不正常

1）伺服单元的 50/60Hz 频率开关设定错误。

2）印制电路板的增益电路和颤抖电路调整不当。

3）电流反馈回路调整不当。

4）轴承和与主轴连接的离合器发生故障。

5）测速发电机纹波太大。

6）电源相序不对。

7）主轴负载太大。

8）主轴齿轮啮合不良。

9）电源缺相。

（4）主轴在加速和减速时工作不正常

1）减速极限电路调整不当。

2）电流反馈回路不良。

3）负载惯量和加、减速回路时间常数的设定使两者间的关系不相适应。

4）传动带连接不良。

（5）主轴不转

1）印制电路板太脏。

2）触发脉冲电路发生故障，不产生脉冲。

3）伺服单元连接不良。

4）电动机动力线断线。

5）高、低档齿轮切换离合器切换不正常。

6）机床负载太大。

7）机床未给出主轴旋转信号。

（6）主轴过热　其原因是过负载。

（7）过电流

1）电流极限设定错误。

2）15V 电源不正常。

3）同步脉冲紊乱。

4）主轴电动机内部电枢线圈层间短路。

5）主轴电动机换向器质量不佳，与电刷接触旋转时生成环火。

（8）速度偏差过大

1）负荷过大。

2）电流零信号没有输出。

3）主轴被制动。

（9）速度达不到高转速

1）励磁电流太大。

2）励磁控制回路不动作。

3）因晶闸管整流部分太脏而造成绝缘降低。

2. 交流主轴伺服系统

（1）电动机过热

1）负载太大。

2）电动机冷却系统太脏。

3）电动机机内风扇损坏。

4）电动机与伺服单元间连线断线或接触不良。

（2）电动机速度偏离指令值

1）电动机过载（转矩极限设定太小时也会造成电动机过载）。

2）用作速度反馈的脉冲发生器产生故障或反馈断线。

3）印制电路板发生故障。

（3）交流输入电路熔丝烧断

1）交流电源侧的阻抗太高，如在电源侧用自耦变压器代替隔离变压器。

2）整流桥损坏。

3）交流输入处的浪涌吸收器损坏。

4）逆变器用晶体管模块（或晶体管构成逆变器桥）发生故障。

5）印制电路板发生故障。

（4）再生回路熔丝烧断，其多数是由于加速或减速频率太高所致。

（5）电动机速度超过额定值

1）参数设定错误。

2）所用软件不对，此时应检查所用 ROM 的规格号。

3）印制电路板发生故障。

（6）交流主轴电动机旋转时出现异常噪声和振动

1）如在减速过程中产生，则故障多数发生在再生回路，应检查该回路的晶体管及熔丝。

2）如在恒速下产生，则先检查反馈电压是否正常，然后在突然切断指令下观察电动机停转过程中是否有异常噪声。如有，故障出在机械部分，否则故障出在印制电路板上。如果反馈电压不正常，则应检查振动周期是否与速度有关。如果有关，应检查主轴与主轴电动机连接是否不当，以及主轴或脉冲发生器是否不良。如无关，则故障可能是因印制电路板调整不当，或印制电路板不良，或是机械发生故障。

（7）主轴电动机不转或达不到正常转速：若有报警产生，可按报警指示处理。还应检查速度指令是否正常。此外，主轴不能转动，还可能与准停用传感器安装不良有关。

## 9.6　数控机床故障分析及维修实例

### 9.6.1　数控车床故障分析及维修

J1FCNC—Ⅵ型数控车床为济南第一机床厂生产的数控设备，其数控系统采用北京航天数控中心生产的 MNC862 数控系统。

1. 常见机械部分的故障及维修

（1）进给部分的故障

1）故障现象：工作过程正常，但 X（Z）轴方向尺寸变化过大。

2）故障分析：

X（Z）轴伺服驱动故障；

丝杆间隙过大；

丝杆损坏。

3）解决方法：

将 X（Z）轴与 Z（X）轴伺服驱动交换，若原 X（Z）轴方向仍变化过大，Z（X）轴正常，故障分析1）排除，否则为伺服驱动故障。

在工作方式选择中，选择参数设置，输入 X（Z）轴间补值，若正常则为故障分析2）。

更换丝杆。

（2）刀架故障

1）故障现象：刀架在停止后，反转不到位。

2）故障分析：

发信体没有发信号；

无润滑油；

定位销松动，造成定位不准。

3）解决方法：

检查发信体是否到位；

加润滑油；

打开外壳，检查定位销，上紧定位销。

4）易出现的故障　定位销松动，造成定位不准。

2. 常见数控系统的故障及维修　MNC862 数控系统如图 9-1 所示。由"电源部分"、"主板部分"、"X10 板"、"X20 板"、"X30 板"、"CRT 键盘单元"、"强电操作面板"等部分组成。其中主板包括 CPU、存储器、位置环、伺服接口等。"X10 板"包括 CRT 及键盘。"X20 板"包括 NC 操作面板等，"X30 板"包括机床强电接口等。其故障多发生在"X20 板"、"X30 板"及伺服单元等。

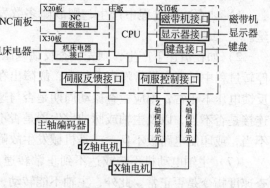

图 9-1　MNC862 数控系统原理图

（1）伺服未准备故障

1）故障现象：加电后，出现"伺服未准备"报警。

2）故障分析：

强电部分。PLC 输出点 32 点是否亮，侧灯开关 SQ 是否合上。

系统部分。可能"X20 板"有故障；伺服控制，单元板上 K 继电器是否有动作，来检查伺服板上的故障。

3）解决方法：

检查 PLC 输出点 32 点。若亮，为"X20 板"或伺服单元故障，若不亮查 PLC 输入端 07 点指示灯是否亮，若亮，说明开关 QF1、QF2、QP3 可能脱扣。也可能是机床侧门开关 SQ 没有闭合。若不亮，可能是伺服启停控制的 QP1 脱扣或 KA1 没有吸合。

若"X20 板"故障，更换 X20 板。若伺服板继电器 K 有动作，可能电位器 RV5、RV6 没有调整好，或板上晶闸管损坏，若继电器 K1 无动作，可能给定电压插头有问题，检查

ACISO 插座是否松动或断线。检查伺服单元是否有电压，检查继电器 K 是否损坏。

4）易出现的故障

侧门开关 SQ2 未压上；

AC180 插座断线；

R5、RV6 没有调整好。

（2）电动机抖动

1）故障现象：Z（X）轴在运行中出现抖动。

2）故障分析：

系统参数中，增益参数，设置过大；

伺服单元增益电位器 RV1 调整过大；

伺服单元故障。

3）解决方法：

检查系统参数中增益参数设置与实际值是否过大。过大，将增益参数减小。

用一字旋具将 RV1 电位器按逆时针方向旋转，调小到不抖动为止。

将两个伺服轴交换，看电动机是否抖动，若原电动机不抖动，而另一个抖动，说明伺服单元故障。

4）易出现的故障：RV1 电位器过大。

（3）限位报警故障

1）故障现象：加电后显示"Z（X）轴限位报警"。

2）故障分析：

限位开关被压下；

Z（X）轴限位开关损坏；

Z（X）轴限位开关断线；

系统 X30 板有故障。

3）解决方法：

检查限位开关压下位置是否在限位上。若在，反方向退出；若不在，可能别的挡块位置不对，调整挡块即可。

检查限位开关若损坏，应更新。

检查限位开关线路。若断，连接上。更换 X30 板。

4）易出现的故障：限位开关线断。

（4）Z（X）轴坐标命令超速

1）故障现象：加电后运行显示"Z（X）轴坐标使命超速"。

2）故障分析：

可能伺服板上空气开关处于断开状态；

可能伺服单元上的 RV1 增益电位器过小造成；

主板上 V 输出电路故障；

机床原因引起命令超速。

3）解决方法：

若为空气开关断开，则合上；

用一字旋具顺时调节 RV1 电位器至合适位置;

更换主板;

若电动机功率不够,更换大功率电动机。

4)易出现的故障:增益电位器过小。

(5)反馈线断

1)故障现象:加电运行显示"X(Z)"轴反馈线断。

2)故障分析:

反馈线插头未拧紧;

反馈线出现断线;

脉冲编码器损坏。

3)解决方法:

检查反馈线插头是否拧紧。

若松,拧紧。检查反馈线,若断,接上。另外检查插头是否进水,特别是 X 轴。

更换脉冲编码器。

4)易出现的故障:X 轴反馈插座常进冷却水,造成反馈线断。

## 9.6.2 加工中心故障分析及维修

美国 GINDINGS&LEWIS 公司的 MC-60 加工中心,具有 20 世纪 90 年代国际先进水平,有完善的自诊断和报警系统,能够实现五轴联动。

1. 故障现象 Ⅰ 加工过程中出现"Tool not Clamped"(刀具没有夹紧)。

(1)故障分析:机床执行换刀指令,将刀具放入主轴中,系统判定主轴没有夹紧刀具,故机械手动作中止,据此判定故障与主轴内刀具夹紧/放松限位有关。

(2)解决方法

1)执行刀具夹紧/放松指令,观看梯形图显示,发现换刀时限位 LSM03A、LSM013 不能正常变化(说明分析正确)。

2)刀柄拉钉后退 0.5~0.7mm,多次执行换刀指令,机床动作正常。

3)根据步骤2)试验所得数据,调整主轴箱内刀具夹紧限位开关 LSM013 位置,故障排除。

2. 故障现象 Ⅱ CRT 显示不变化(其中有的发生在加工过程中,有的发生在 OS/2 操作系统窗口切换过程中)。

(1)故障分析:该数控系统与计算机相对独立,其数据通信及计算机 CPU 一般情况下不应发生损坏,故判定为计算机"死机"。

(2)解决方法

1)热起动计算机,检查工件零点,发现其没有变化,故可以继续加工工件。

2)根据步骤1)结果分析,对于正在加工过程中发生的"死机"现象,应该可以不经过热起动计算机而继续加 TT 件;对于即将加工完毕的零件和后续加工尚有关键尺寸的零件均采用此方法。值得提醒的是,这种方法要求操作者对加工过程十分熟悉,能够充分预料到后续加工可能出现的各种问题及要求。

3. 故障现象 Ⅲ 攻螺纹过程中,机床动作停止,液压站停止工作。

(1)故障分析:机床动作停止由液压站停止工作引起,而液压站停止工作应与液压站起动/关闭电路有关。

（2）解决方法

1）起动液压站，出现"MASTER STOP 按钮错误"提示。

2）连续按几次 MASTER STOP 按钮，错误清除；执行机床自诊断程序，可以发现 MASTER STOP 按钮接触不良。

3）借助 SNDVIK 钻夹头，轴向有较大收缩量，松开刀柄，缩回主轴，取出钻夹头。

4）调整 MASTERSTOP 按钮接触状态，故障排除。

5）重复攻螺纹指令，攻螺纹完成。

# 复 习 思 考 题

1. 合理选择数控机床需要在什么前提下进行？
2. 合理选择数控机床要着重考虑到哪些方面的因素？
3. 简述数控机床的各选择项目需要考虑的具体内容。
4. 数控机床包括哪几个方面的维护与保养内容？
5. 简述使用数控机床时应注意的问题。
6. 简述数控系统故障的一般判断方法。
7. 进给伺服系统的故障率约占数控系统故障的 1/3，其故障现象报警分哪三类？
8. 软件报警与硬件报警有何区别？
9. 主轴伺服系统的伺服单元或主轴电动机，在安装或维修之后，都需要进行哪些检查？

# 第 10 章   数控机床的安装、调试与验收

数控机床的安装、调试与验收能否达到预期效果，直接关系到数控机床投入使用后所能实现的技术性能指标和使用功能水准。普通型数控机床的这项工作相对要简单些，中、高档次的数控机床的则难度比较大，其中主要是机床数控系统的调试比较复杂。

## 10.1    数控机床的安装

数控机床的安装就是按照技术要求将机床固定在基础上，以获得确定的坐标位置和稳定的运行性能。机床的安装质量对其加工精度和使用寿命有着直接影响，机床安装位置应避开阳光直射或强电、强磁干扰，选择环境清洁、空气干燥和温差较小的环境。

### 10.1.1   机床的基础处理和初就位

机床到货后应及时开箱检查，按照装箱单清点技术资料、零部件、备件和工具等是否齐全无损，核对实物与装箱单及订货合同是否相符，如发现有损坏或遗漏问题，应及时与供货厂商联系解决，尤其注意不要超过索赔期限。

仔细阅读机床安装说明书，按照说明书的机床基础图或《动力机器基础设计规范》做好安装基础。在基础养护期满并完成清理工作后，将调整机床水平用的垫铁、垫板逐一摆放到位，然后吊装机床的基础件（或整机）就位，同时将地脚螺栓放进预留孔内，并完成初步找平工作。

### 10.1.2   机床部件的组装

机床部件的组装是指将分解运输的机床重新组合成整机的过程。组装前注意做好部件表面的清洁工作，将所有连接面、导轨、定位和运动面上的防锈涂料清洗干净，然后准确可靠地将各部件连接组装成整机。

在组装立柱、数控柜、电气柜、刀具库和机械手的过程中，机床各部件之间的连接定位均要求使用原装的定位销、定位块和其它定位元件，这样各部件在重新连接组装后，能够更好地还原机床拆卸前的组装状态，保持机床原有的制造和安装精度。

在完成机床部件的组装之后，按照说明书标注和电缆、管道接头的标记，连接电缆、油管、气管和水管。将电缆、油管和气管可靠地插接和密封连接到位，要防止出现漏油、漏气和漏水问题，特别要避免污染物进入液、气压管路，否则会带来意想不到的麻烦。总之要力求使机床部件的组装达到定位精度高、连接牢靠、构件布置整齐等良好的安装效果。

### 10.1.3   数控系统的连接

数控系统的连接是针对数控装置及其配套的进给和主轴伺服驱动单元而进行的，主要包括外部电缆的连接和数控系统电源的连接。

在连接前要认真检查数控装置与 MDI/CRT 单元、位置显示单元、纸带阅读机、电源单元、各印制电路板和伺服单元等，注意是否有损伤或污染，电缆捆扎处和屏蔽层有无破损或伤痕，脉冲编码器的码盘有无磕碰痕迹等，如发现问题应及时采取措施或更换。

数控系统外部电缆的连接，包括数控装置与 MDI/CRT 单元、强电柜、操作面板、进给

伺服电动机和主轴电动机动力线、反馈信号线的连接等。应该足够重视连接中的插接件是否插入到位，紧固螺钉是否拧紧，因为由于插接不良而引起的故障最为常见。

数控机床要有良好的地线连接，以保证设备、人身安全和减少电气干扰。地线连接采用辐射式接地法，接地电阻要求小于 $7\Omega$，数控柜与强电柜之间的接地线电缆截面积要求在 $5.5mm^2$ 以上。伺服单元、伺服变压器和强电柜之间都要连接保护接地线。

数控系统电源线的连接，是指数控柜电源变压器输入电缆的连接，伺服变压器绕组抽头的连接。机床生产厂家为了适应各国不同的供电制式，一般都使数控系统的电源变压器、伺服变压器有多个抽头，要注意根据本地区供电的具体情况正确接线。

## 10.2 数控机床的检查与调试

数控机床的检查与调试，包括电源的检查、数控系统电参数的确认和设定、机床几何精度的调整等，检查与调试工作关系到数控机床能否正常投入使用。

### 10.2.1 机床连接电源的检查

1. 电源电压和频率的确认 检查电源输入电压是否与机床设定相匹配，频率转换开关是否置于相应位置。我国市电规格为交流三相 380V、单相 220V、频率 50Hz。通常各国的供电制式各不相同，例如日本的交流三相 200V、单相 100V、频率 60Hz。

2. 电源电压波动范围的确认 检查电源电压波动是否在数控系统允许范围内，否则需要配置相应功率的交流稳压电源。数控系统允许电源电压在额定值的 10% ~ -15% 之间波动，如果电压波动太大则电气干扰严重，会使数控机床的故障率上升而稳定性下降。

3. 输入电源相序的确认 检查伺服变压器初级中间抽头和电源变压器次级抽头的相序是否正确，否则接通电源时会烧断速度控制单元的熔丝。可以用相序表检查或用示波器判断相序，若发现不对，将 T、S、R 中任意两条线对调即可。

4. 检查直流电源输出端对地是否短路 数控系统内部的直流稳压单元提供 5V、±15V、±24V 等输出端电压，如有短路现象则会烧坏直流稳压电源，通电前要用万用表测量输出端对地的阻值，如发现短路必须查清原因并予以排除。

5. 检查直流电源输出电压 用数控柜中的风扇是否旋转来判断其电源是否接通。通过印制电路板上的检测端子，确认电压值 5V、±15V 是否在 ±5%、而 ±24V 是否在 ±10% 允许波动的范围之内。超出范围要进行调整，否则会影响系统工作的稳定性。

6. 检查各熔断器 电源主线路、各电路板和电路单元都有熔断器装置。当超过额定负荷、电压过高或发生意外短路时，熔断器能够马上自行熔断切断电源，起到保护设备系统安全的作用。检查熔断器的质量和规格是否符合要求，要求使用快速熔断器的电路单元不要用普通熔断器，特别要注意所有熔断器都不允许用铜丝等代替。

### 10.2.2 参数的设定和确认

1. 短接棒的设定 在数控系统的印制电路板上有许多待连接的短路点，可以根据需要用短接棒进行设定，用以适应各种型号机床的不同要求。对于整机购置的数控机床，其数控系统出厂时就已经设定，只需要通过检查确认已经设定的状态即可。如果是单独购置的数控系统，就要根据所配套的机床自行设定，通常数控系统出厂时是按标准方式设定的，根据实际需要自行设定时，一般不同的系统所要设定的内容不一样，设定工作要按照随机的维修说明书进行。数控系统需要设定的主要内容有以下三个部分：

（1）控制部分印制电路板上的设定：包括主板、ROM 板、连接单元、附加轴控制板、旋转变压器或感应同步器的控制板等，这些设定与机床返回参考点的方法，速度反馈用检测元件，检测增益调节，分度精度调节等有关。

（2）速度控制单元电路板上的设定：这些设定用于选择检测反馈元件、回路增益，以及是否产生各种报警等。

（3）主轴控制单元电路板上的设定：这些设定用于直流或交流主轴控制单元，选择主轴电动机电流极限和主轴转速等。

2. 参数的设定　数控系统的许多参数（包括 PLC 参数）能够根据实际需要重新设定，以使机床获得最佳的性能和最方便的状态。对于数控机床出厂时就已经设定的各种参数，在检查与调试数控系统时仍要求对照参数表进行核对。参数表是随机附带的一份很重要的技术资料，当数控系统参数意外丢失或发生错乱时，它是完成恢复工作不可缺少的依据。可以通过 MDI/CRT 单元上的 PARAM 参数键，显示存入系统存储器的参数，并按照机床维修说明书提供的方法进行设定和修改。

### 10.2.3　通电试车

在通电试车前要对机床进行全面润滑。给润滑油箱、润滑点灌注规定的油液或油脂，为液压油箱加足规定标号的液压油，需要压缩空气的要接通气压源。调整机床的水平度，粗调机床的主要几何精度。如果是大中型设备，要在初就位和已经完成组装的基础上，重新调整主要运动部件与机床主轴的相对位置。比如机械手、刀具库与主机换刀位置的校正，APC 托架与工作台交换位置的找正等。

通电试车按照先局部分别供电试验，然后再作全面供电试验的秩序进行。接通电源后首先查看有无故障报警，检查散热风扇是否旋转，各润滑油窗是否来油，液压泵电动机转动方向是否正确，液压系统是否达到规定压力指标，冷却装置是否正常等。在通电试车过程中要随时准备按压急停按钮，以避免发生意外情况时造成设备损坏。

先用手动方式分别操纵各轴及部件连续运行。通过 CRT 或 DPL 显示，判断机床部件移动方向和移动距离是否正确。使机床移动部件达到行程限位极限，验证超程限位装置是否灵敏有效，数控系统在超程时是否发出报警。机床基准点是运行数控加工程序的基本参照，要注意检查重复回基准点的位置是否完全一致。

在上述检查过程中如果遇到问题，要查明异常情况的原因并加以排除。当设备运行达到正常要求时，用水泥灌注主机和各部件的地脚螺栓孔，待水泥养护期满后再进行机床几何精度的精调和试运行。

### 10.2.4　机床几何精度的调整

数控机床几何精度的调整内容和方法与普通机床基本相同。机床的几何精度主要是通过垫铁和地脚螺栓进行调整，必要时也可以通过稍微改变导轨上的镶条和预紧滚轮来达到精度要求。在机床水平和各运动部件全行程不平行度允差符合要求的同时，要注意所有垫铁都要处于垫紧状态，所有地脚螺栓都要处于压紧状态，以保证机床在投入使用后均匀受力，避免因受力不均而引起的扭曲或变形。

调整机械手与主轴、刀具库之间相对位置。用 G28、Y0、Z0 或 G30、Y0、Z0 指令，使机床自动运行到换刀位置，用手动方式分步完成刀具交换动作，检查抓刀、装刀、拔刀等动作是否准确、平稳。否则可以通过调整机械手的行程，移动机械手支座或刀具库位置，改变换刀基准点坐标值设定，实现精确运行的要求。在调整到位后要拧紧所有紧固螺钉，用几把接近最大允许重量的刀柄，继续重复多次换刀循环动作，直到反复换刀试验证明，动作准确无误、平稳、无撞击为止。

调整托板与交换工作台面的相对位置。如果机床是双工作台或多工作台，要调整好工作台托板与交换工作台面的相对位置，以保证工作台自动交换时平稳可靠。在调整工作台自动交换运行过程中，工作台上应装有 50% 以上的额定负载，调好后紧固好有关螺钉。

### 10.2.5 机床试运行

为了全面地检查机床功能及工作可靠性，数控机床在安装调试完成后，要求在模拟工作状态作不切削连续空转条件下，按规定时间进行自动运行考验。国家标准 GB/T 9061—2006 规定的自动运行考验时间，数控机床轴数小于 3 时为 36h，联动轴大于或等于 3 时为 48h，都是要求连续运转不发生任何故障。如有故障或排除故障时间超过了规定的时间，则应对机床进行调整后重新作自动运行考验。

自动运行考验的程序叫考机程序。可以用机床生产厂家提供的考机程序，也可以根据需要自选或编制考机程序。通常考机程序包括控制系统的主要功能，如主要的 G 指令，M 指令，换刀指令，工作台交换指令，主轴最高、最低和常用转速，快速和常用进给速度。在机床试运行过程中，刀具库应装满刀柄，工作台上要装有一定重量的负载。

## 10.3 数控机床的验收

用户对于数控机床的验收是根据机床出厂合格证上规定的内容，测定各项技术指标是否达到预定的要求。主要包括机床几何精度、定位精度和切削精度的检验，以及数控功能稳定性和可靠性的检验等。

### 10.3.1 机床外观的检查

机床外观的检查是指不使用检测仪器凭借直观进行的各种检查。其中包括机床油漆的质量、防护罩的完好、工作台面有无磕碰划伤、电线和油气管安装是否规范，以及 MDI/CRT 单元、位置显示单元、纸带阅读机、各印制电路板有无污染，所有连接电缆、屏蔽线有无破损，输入变压器、伺服用电源变压器、输入单元、直流电源单元等的接线端子是否拧紧，电缆连接器上的紧固螺钉是否拧紧，各印制电路板是否插接到位，插接件上的紧固螺钉是否有松动等。由于紧固和插接原因而产生的接触不良，会引起各种各样难以查找的故障。

### 10.3.2 机床精度的验收

机床精度的验收内容是为了保障机床良好的运行性能而设定的。主要包括几何精度、定位精度和切削精度。检测工具的精度必须比所测的几何精度高一个等级，否则测量出来的结果不具备基本的可信度。

1. 机床几何精度的验收 数控机床的几何精度综合反映机床各关键零部件及其组装后的几何形状误差。机床几何精度的许多项目相互影响，必须在精调后一次性完成。若出现某一单项经重新调整才合格的情况，则整个几何精度的验收检测工作要求重做。现将卧式加工中心的几何精度验收检测内容列举如下：

1）X、Y、Z 坐标的相互垂直度。

2）工作台面的平行度。

3）X 轴移动工作台面的平行度。

4）Z 轴移动工作台面的平行度。

5）主轴回转轴心线对工作台面的平行度。

6）主轴在 Z 轴方向移动的直线度。

7）主轴在 Y 轴方向移动的直线度。

8）主轴在 X 轴方向移动的直线度。

9）X 轴移动工作台边界定位基准面的平行度。

10）工作台中心线到边界定位器基准面之间的距离精度。

11）主轴轴向跳动。

12）主轴孔径向跳动。

主要检测工具：精密水平仪、精密方箱、90°角尺、平尺、平行光管、千分表、测微仪、高精度主轴心棒等。

2. 机床定位精度的验收　定位精度是数控机床各坐标轴在数控装置控制下达到的运动位置精度。机床的定位精度取决于数控系统和机械传动误差的大小，能够从加工零件达到的精度反映出来。定位精度验收主要检测以下内容：

1）各直线运动轴的定位精度和重复定位精度。

2）直线运动各轴机械原点的复归精度。

3）直线运动各轴的反向误差。

4）回转运动（回转工作台）的定位精度和重复定位精度。

5）回转运动的反向误差。

6）回转轴原点的复归精度。

主要检测工具：测微仪和成组量块、标准刻度尺、光学读数显微镜、双频激光干涉仪、360 齿精确分度的标准转台或角度多面体、圆光栅及平行光管等。

3. 机床切削精度的验收　切削精度是受数控机床几何精度、定位精度、材料、刀具和切削条件等各种因素影响而形成的综合精度。以卧式加工中心为例，切削验收检验的内容是形状、位置精度和加工表面粗糙度，具体项目如下：

1）镗孔精度。

2）镗孔的孔距精度和孔径精度。

3）面铣刀铣平面的精度。

4）面铣刀铣侧面的直线精度。

5）面铣刀铣圆弧的圆度精度。

6）回转工作台转 90°面铣刀铣削的直角精度。

7）二轴联动的加工精度。

影响切削精度的因素很多，为了反映机床的真实精度，要尽量排除其它因素的影响。各项切削精度的实测误差值为允许误差值的 50% 为比较好，关键项目能在允许误差值的 1/3 左右为相当理想。

### 10.3.3　机床性能与数控功能的验收

1. 机床性能的验收　机床性能主要包括主轴系统性能，进给系统性能，自动换刀系统、电气装置、安全装置、润滑装置、气液装置及各附属装置等性能。

机床性能的检验内容一般有十多项，不同类型的机床的检验项目有所不同。有的机床有气压、液压装置，有的机床没有这些装置。有的还有自动排屑装置、自动上料装置、主轴润滑恒温装置、接触式测头装置等，对于加工中心还有刀库及自动换刀装置，工作台自动交换装置以及其它的附属装置。

检查各运动部件及辅助装置在起动、停止和运行中有无异常噪声现象，润滑系统、油冷却系统，以及各风扇等工作是否正常。对于主轴要检验在高、中、低各种速度下起动、停止、点动等是否平稳可靠。检查安全装置是否齐全可靠，如各运动坐标超程自动保护停机功能、电流过载保护功能、主轴电动机过热过负荷自动停机功能、欠压过压保护等。

2. 数控功能的验收　数控功能包括标准功能和选择性功能。数控功能的验收要按照数控系统说明书和订货合同的规定，用手动或程序的方式检测机床应该具备的主要功能。如快速定位、直线插补、圆弧插补自动加减速、暂停、坐标选择、平面选择、固定循环、单程序段、跳读、条件停止、进给保持、紧急停止、程序结束停止、进给速度超调、程序号显示、检索位置显示、镜像功能、旋转功能、刀具位置补偿、刀具长度补偿、刀具半径补偿，螺距误差补偿、反向间隙补偿，以及用户宏程序、图形显示等功能的准确性和可靠性。

数控功能检验的最好办法是自己编制一个检验程序，让机床在空载下连续自动运行36h或48h。所编制的检验程序要把机床具备的数控功能都编写进去，其中包括主轴各级转速和传动轴各级进给速度，以及多次换刀和工作台的自动交换等各项内容。

## 复 习 思 考 题

1. 数控机床到货后为何要及时开箱检查？清点检查包括哪些内容？
2. 数控机床为什么要有良好的地线连接？有哪些具体的技术要求？
3. 简述数控机床连接电源的检查内容和具体要求。
4. 数控机床参数的设定和确认有哪些具体内容要求？
5. 为什么在通电试车前要对机床进行全面润滑？
6. 为什么通电试车要按照先局部分别供电试验，然后再作全面供电试验的秩序进行？
7. 为什么要先用手动方式分别操纵各轴及部件连续运行？
8. 简述机床几何精度的验收，机床定位精度的验收，机床切削精度的验收内容。
9. 简述机床性能的验收与数控功能的验收内容。

# 参 考 文 献

[1] 机电一体化技术手册编委会. 机电一体化技术手册 [M]. 北京: 机械工业出版社, 1994.

[2] 《实用数控加工技术》编委会. 实用数控加工技术. 北京: 兵器工业出版社, 1995.

[3] 毕承恩, 丁乃建, 等. 现代数控机床 [M]. 北京: 机械工业出版社, 1991.

[4] 全国数控培训网络天津分中心. 数控原理 [M]. 北京: 机械工业出版社, 1998.

[5] 全国数控培训网络天津分中心. 数控机床 [M]. 北京: 机械工业出版社, 1998.

[6] 曹琰. 数控机床应用与维修 [M]. 北京: 电子工业出版社, 1994.

[7] 李善述. 数控机床及其应用 [M]. 北京: 机械工业出版社, 2001.

[8] 熊熙. 数控加工与计算机辅助制造及实训指导 [M]. 北京: 中国人民大学出版社, 2000.

[9] 董献坤. 数控机床结构与编程 [M]. 北京: 机械工业出版社, 1997.

[10] 叶伯生. 计算机数控系统 [M]. 武汉: 华中理工大学出版社, 1998.

[11] 王永章. 机床的数字控制技术 [M]. 哈尔滨: 哈尔滨工业大学出版社, 1995.

[12] 李宏胜. 数控原理与系统 [M]. 北京: 机械工业出版社, 1997.

[13] 刘跃南. 机床计算机数控及应用 [M]. 北京: 机械工业出版社, 1998.

[14] 刘又午, 杜君文. 数字控制机床 [M]. 北京: 机械工业出版社, 1997.

[15] 周文玉. 数控加工技术基础 [M]. 北京: 中国轻工业出版社, 1999.

[16] 林奕鸿. 机床数控技术及其应用 [M]. 北京: 机械工业出版社, 1997.

[17] 卓迪仕. 数控技术及其应用 [M]. 北京: 国防工业出版社, 1997.

[18] 李善述. 数控机床及其应用 [M]. 北京: 机械工业出版社, 2001.

[19] 左文刚. 现代数控机床全过程维修 [M]. 北京: 人民邮电出版社, 2008.

[20] 邓荣琦. 数控机床使用与维修 [M]. 北京: 国防工业出版社, 2006.

[21] 王钢. 数控机床调试、使用与维护 [M]. 北京: 化学工业出版社, 2006.

[22] 杨旭丽. 数控系统故障诊断与排除 [M]. 北京: 中国劳动社会保障出版社, 2005.

# 21 世纪高职高专规划教材书目(基础课及机械类)

（有 * 的为普通高等教育"十一五"国家级规划教材并配有电子课件）